Sonne und Sterne

M. W. Meyer

Alpha Editions

This edition published in 2022

ISBN : 9789356711006

Design and Setting By
Alpha Editions
www.alphaedis.com
Email - info@alphaedis.com

Sonne und Sterne

By Max Wilhelm Meyer

Es ist Hochsommer. Eine sonnige Landschaft breitet sich vor schneebedeckter Alpenkette aus. Im Wiesengrunde leuchten die Blumen im Sonnenschein und bieten ihre süße Gabe dem sie umschwärmenden Volke der Falter und summenden Käfer. Auch dort über die weiten Kornfelder gießt die Sonne ihre Strahlenfülle, um die Reife der goldenen Ähren zu vollenden. Und auf den plätschernden Wellen des Baches, der am Wiesenrand zwischen Steinen eilig hinabrauscht, der sonnendunstigen Ebene entgegen, spielen die Sonnenstrahlen, die das Wasser dort oben in den Firnfeldern aus langem, todesähnlichem Schlaf befreiten, damit es drunten seine lebenerhaltende Arbeit in unendlicher Verzweigung wiederaufnehmen kann. Über dem waldumrahmten Weiher weiter unten liegen blaue Schleier. Die Sonne, die das Wasser hinabführte aus den Höhen des ewigen Schnees, zieht es hier wieder empor, bis zu den Wolken, die die durstende Ebene mit ihren Regenschauern erquicken.

Überall die Sonne!

Sinkt sie am Abend hinab und vollendet für diesen Tag ihre segenspendende Arbeit, so entzückt sie uns noch mit der unendlichen Schönheit ihrer Untergangsgluten, indem sie sich andern Erdstrichen zuwendet. Niemals rastete ihre Tätigkeit seit Jahrmillionen. In den Tiefen der Erde hat man von einem Pol zum andern versteinerte Pflanzen gefunden, die nur eine tropische Sonnenglut aufwachsen lassen konnte. Überall rings um die Erde herum muß einmal die Sonne ihre ganze Strahlenfülle auf die Erde in vollem Überfluß herabgeschüttet haben, so daß wir heute noch diesen Überfluß wieder aus den Tiefen der Erde hervorgraben, um uns an Urzeit-Sonnenwärme zu erquicken, wenn das wundertätige Gestirn auf seiner jährlichen Reise uns seine Gaben für eine Weile etwas karger bemessen muß. Oder wir lassen ihre unerschöpfliche Kraft für uns in den Maschinen arbeiten, daß wir, mehr und mehr entlastet von menschenunwürdiger körperlicher Arbeit, unsern Geist erweitern und uns freuen können an den tausendfältigen Schönheiten, die die Sonne überall hervorzaubert.

Überall die Sonne!

Auch in uns! Sie war das Sinnbild der ersten Gottheit, zu der die Menschen beteten. Schien sie nicht eine Gottheit selbst? Unerreichbar fern und doch überall. Unmittelbar eingreifend in all unsere Lebensregungen und doch ungreifbar und fast unsichtbar wie ein Gott, denn sie straft den Allzukühnen, der es wagt, sie anzuschauen, mit Blindheit, daß er es niemals wieder wagen kann. Tief zur Erde gebeugt nur durfte man sie verehren. Von allen Dingen in der Welt ist sie dem Wesenlosen am ähnlichsten, und doch gibt es nichts, das so mächtig eingreift in alles Wesen. Die Sonne ist für uns der Inbegriff des Schönen, des Großen, des Heitern, des Beglückenden. Man redet von der Sonne unseres Glückes, die aufgeht, und die auch wieder untergehen kann, doch immer die Hoffnung in uns zurückläßt, daß sie abermals aufgehen wird. Es gibt Menschen, die rings um sich nur Sonnenschein verbreiten, und die lieben wir.

»Geh mir aus der Sonne,« sagte Diogenes zu Alexander, als dieser Mächtigste ihn aufforderte, sich eine Gunst von ihm zu erbitten. Dem glücklichen Naturmenschen ging nichts über sein Bad in der Sonne.

Sonnenlicht und Leben sind verschmelzende Begriffe. Wir werden geboren ans Licht des Tages, und unser Lebenslicht wird einstmals erlöschen.

Und was wissen alle, die diese tausendfältigen Wohltaten der Sonne genießen, und die wir täglich von ihr sprechen, von diesem allgewaltigen Himmelswesen? Wenn wir nicht zufällig Astronomen sind, wohl eigentlich nichts. Das Alltägliche wird uns zu etwas Selbstverständlichem, über das wir nicht weiter nachdenken. Wir verbinden überhaupt mit dem Wort »Sonne« gemeinhin gar nicht den Begriff des Himmelskörpers, sondern meist nur den seiner Wirkungen. Man sagt: Die Landschaft ist in Sonne getaucht; die Sonne bringt es an den Tag usw.

Nichts aber sollte doch für den Wißbegierigen näher liegen, als sich über das Wesen dieser Weltleuchte zu unterrichten, die so unverkennbar im Mittelpunkte alles Geschehens steht.

Was also ist die Sonne?

Schützen wir unsere Augen vor ihren allzu blendenden Strahlen durch ein berußtes Glas oder andere entsprechende Mittel, so sehen wir sie als eine genau kreisrunde Scheibe, deren Durchmesser ungefähr dem des Mondes gleichkommt. Im Laufe eines Jahres ist ihre scheinbare Größe periodischen Schwankungen ausgesetzt, die daher kommen, daß unsere Entfernung von ihr veränderlich ist. Die Erde läuft nämlich nicht in einem genauen Kreise, sondern in einer Ellipse um die Sonne, so daß diese sich uns immer zu Jahresanfang um rund ein Sechzigstel des mittleren Abstandes näher, im Juli um so viel entfernter befindet. Dementsprechend beträgt der Sonnendurchmesser im Januar 32´ 35´´ und im Juli 31´ 31´´, im Durchschnitt also 32´ 3´´.[1]

Dies ist der *scheinbare* Durchmesser, das heißt, der Durchmesser, wie wir ihn sehen, wie er uns erscheint. Wie groß aber ist die Sonne in Wirklichkeit? Jeder Gegenstand erscheint um so kleiner, je weiter er von uns entfernt ist. Wir können deshalb aus seiner scheinbaren Größe und seiner Entfernung immer seine wahre Größe berechnen. Um also zu erfahren, wie groß die Sonne ist, müssen wir zuerst wissen, wie weit sie von uns entfernt steht.

Da wahres Wissen immer nur auf Erkenntnis beruhen kann, so wollen wir hier wenigstens versuchen, zu verstehen, wie man solche Entfernungen mit Sicherheit messen kann, und wie es überhaupt möglich ist, unsere Meßkette weit über unsern irdischen Wohnsitz hinweg in den Weltraum hinausgreifen zu lassen.

Wer geometrische Kenntnisse besitzt, dem scheint die Aufgabe leicht; er weiß ja, daß er die Entfernung jedes beliebigen, an sich unerreichbaren Gegenstandes ausmessen kann, wenn dieser nur von zwei verschiedenen Punkten aus sichtbar ist, deren Entfernung voneinander man auszumessen vermag. Zwischen jenen beiden Punkten und dem dritten, auszumessenden, läßt sich dann ein Dreieck konstruieren, in dem die eine Seite zwischen den zwei Visierpunkten und die beiden Winkel, die die Richtung des fernen Punktes von jedem der beiden andern angeben, bekannt sind, und damit zugleich alle andern Teile des Dreiecks, also auch die beiden andern Seiten, d. h. die Entfernung jenes dritten Punktes von den Visierpunkten. Geometrisch nicht geschulte Leser können sich die Sache praktisch veranschaulichen, etwa mit drei Meterstäben, die sie zu einem Dreieck zusammenlegen. Man wird dabei auch leicht sehen, daß die Ausmessung um so unsicherer wird, je kleiner das direkt gemessene Stück, die Basis, gegenüber der zu findenden Entfernung ist. Je weiter der Gegenstand in die Ferne rückt, desto weniger sind die Richtungen, die ihn mit den beiden Basisendpunkten verbinden, voneinander verschieden. Ein Fehler in der Ausmessung der Richtungswinkel bringt einen um so größeren Fehler im Resultat hervor, je kleiner die Basis im Vergleich zu der auszumessenden Entfernung ist.

Die Entfernung der Himmelskörper können wir demnach so ausmessen, daß wir uns auf möglichst weit voneinander entfernte Punkte der Erde stellen und gleichzeitig von da aus die Lage des Himmelskörpers bestimmen. Die Verschiedenheit der Richtungen, in denen man dabei den Körper sieht, heißt die *Parallaxe*, die mit der Entfernung der beiden Beobachtungsstationen voneinander die des Himmelskörpers ergibt.

Dieser Winkel der Parallaxe ist nun, wie jeder Dreieckskundige weiß, derselbe Winkel, unter dem eine auf dem entfernten Himmelskörper stehende Person die Entfernung der beiden irdischen Beobachter voneinander sehen würde: also die ganze Größe der Erde, falls sich die Beobachter an den beiden Endpunkten eines Erddurchmessers befanden. Wir können mithin direkt messen, wie groß oder wie klein im Winkelmaß unsere Erde von dem betreffenden Himmelskörper aus erscheint, das heißt, die scheinbare Größe der Erde, von jenem Himmelskörper gesehen, bestimmen.

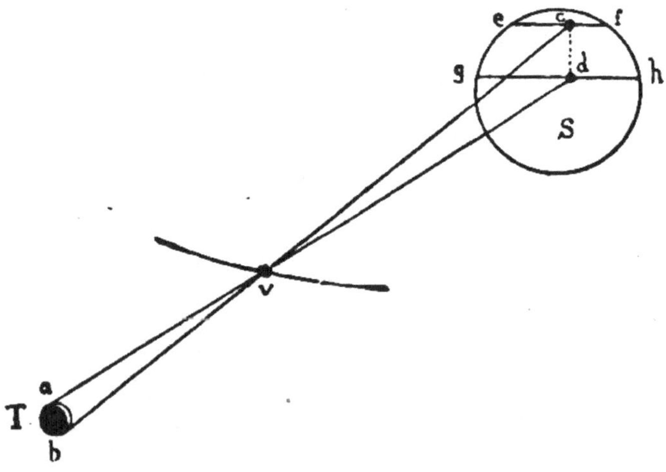

Ein Venusdurchgang.

Bei Anwendung dieser Methode auf die Sonne hat man allerdings nun bald erkennen müssen, daß jene »*Sonnenparallaxe*« so ungemein klein ist, daß sie sich gar nicht genau genug direkt ausmessen ließe. Man mußte zu dieser Fundamentalgröße durch Umwege zu gelangen suchen, deren eingehendere Beschreibung hier zu weit abführen würde. Nur so viel möge angedeutet werden: Man konnte theoretisch genau feststellen, wie weit alle übrigen Planeten, die um die Sonne laufen, von ihr abstehen, wenn man die vorläufig noch unbekannte Entfernung der Erde von ihr gleich eins setzt. Man kann zum Beispiel aus der beobachteten Umlaufszeit der Venus um die Sonne berechnen, daß ihre mittlere Entfernung vom Mittelpunkte des Sonnensystems ganz genau gleich 0,7233322 Teilen der Erdentfernung von der Sonne ist. Wenn man nun die wirkliche Entfernung der Venus von der Sonne oder von uns ausmessen kann, so ist damit offenbar auch die Sonnenentfernung von uns bekannt. Da die Venus aber bei ihrem Umlauf je einmal zwischen Erde und Sonne vorbeigehen muß, so ist dann ihre Entfernung nur 1 – 0,7233... oder 0,2767 Teile von der Sonnenentfernung: Die Parallaxe der Venus ist dann, weil sie so viel näher steht, beinahe viermal größer als die der Sonne und kann also auch um mindestens ebensoviel leichter und genauer gemessen werden. Nun ist freilich unter gewöhnlichen Umständen die Venus überhaupt nicht zu sehen, wenn sie zwischen uns und der Sonne vorbeigeht. Da sie ihr Licht ja allein von der Sonne erhält, so wendet sie uns in jener Stellung ihre Nachtseite zu, die infolge der allgemeinen Helligkeit der Atmosphäre in der Sonnennähe völlig verschwindet. Nur in seltenen Fällen, im Jahrhundert durchschnittlich zweimal, kommt sie so genau zwischen Erde und Sonne vorüber, daß wir sie als scharf begrenzte kleine schwarze Scheibe über die strahlende Sonnenscheibe hinziehen sehen. Es findet dann ein »*Venusdurchgang*« statt. Die Sehne nun, welche die Venus dabei über die Sonnenscheibe hin beschreibt, wird offenbar verschieden lang sein, je nach der Richtung, aus der wir den Vorgang beobachten. Für einen Beobachter auf der südlichen Halbkugel b in unserer Zeichnung muß die Venus bei c nördlicher über die Sonnenscheibe hinziehen, als für einen bei uns etwa in a aufgestellten Beobachter. Diese Verschiebung für verschiedene irdische Standpunkte gibt aber offenbar die gesuchte Parallaxe. Um sie zu bestimmen, braucht man, wie schon *Halley* im 17. Jahrhundert erkannt hatte, nur die Ein- und Austritte der Venus am Sonnenrande und dadurch die Zeitdauer zu bestimmen, während deren der Planet vor der Sonne verweilte, woraus sich dann die Länge der Sehne berechnen läßt. Die verschiedene Länge der an den einzelnen Beobachtungsstationen auf diese Weise beobachteten Sehnen ef und gh gibt dann ihre verschiedene Lage auf der Sonnenscheibe an und dadurch auch die parallaktische Verschiebung. Diese Methode der Venusdurchgänge erschien deshalb ganz besonders vorteilhaft, solange man sich noch nicht genügend auf die Sicherheit und Genauigkeit der eigentlichen Winkelmeßinstrumente verlassen konnte, die heute einen ganz erstaunlichen Grad von Präzision gewonnen haben. Es ist daher begreiflich, welch bedeutenden Wert man noch im vergangenen Jahrhundert den Venusdurchgängen von 1874 und 1882 beimaß, zu deren Beobachtung alle zivilisierten Nationen kostspielige Expeditionen in ferne Länder sandten, um so mehr, als unser Jahrhundert überhaupt keine Gelegenheit bietet, das interessante Phänomen zu beobachten. Der nächste Venusdurchgang findet erst wieder am 8. Juni 2004 gegen 10 Uhr morgens nach mitteleuropäischer Zeit statt.

Inzwischen sind aber vorteilhaftere Mittel gefunden worden, den Fundamentalwert der Sonnenparallaxe bis zur letzten Genauigkeit zu bestimmen. Namentlich der 1898 entdeckte kleine Planet *Eros* bot eine solche Gelegenheit, weil er sich der Erde mehr nähert als irgendein anderes Mitglied des Sonnensystems, den Erdenmond ausgenommen, der für den ins Auge gefaßten Zweck jedoch unbrauchbar ist. Da der Eros lange Zeit hindurch fortwährend am Nachthimmel steht, so kann man ihn unausgesetzt auf weit voneinander abgelegenen Sternwarten beobachten und seine Entfernung von uns dadurch viel genauer bestimmen, als die eines andern Himmelskörpers. Durch sie ist dann zugleich auch die Sonnenentfernung bekannt.

Aus all den viele Jahre fortgesetzten Messungen ergab sich als gegenwärtig wahrscheinlichster Wert der Sonnenparallaxe der kleine Winkel von 8,80 Bogensekunden, der bis auf die Hundertstelsekunde genau sein wird. Die Tausendstelsekunden würde man dagegen noch nicht verbürgen können. Man darf es nun nicht für Haarspalterei und für eine unnötig pedantische Forderung halten, einen Winkel bis zu einer so geringen Größe genau zu bestimmen und darauf jahrelange Arbeit zu verwenden. Es ist wohl zu bedenken, daß dieser kleine Winkel sehr große Entfernungen bedingt. Es ergibt sich aus ihm, daß die Sonne von uns 149 500 000 Kilometer im Durchschnitt entfernt ist. Der 880ste Teil hiervon, der einer Hundertstelsekunde bei der Sonnenparallaxe entspricht, ist 170 000 Kilometer oder etwa das Dreizehnfache des Erddurchmessers, und fast um diesen Betrag bleibt die Sonnenentfernung also immer noch unsicher bestimmt.

Jener Winkel von 8,80 Bogensekunden drückt nun, wie bereits gesagt, zugleich auch aus, wie groß die Erde, von der Sonne gesehen, erscheinen würde. Ihr Halbmesser hat in Sonnenentfernung diesen Winkel. Da nun die Sonne selbst aus derselben Entfernung unter einem Winkel erscheint, den ich vorhin schon angegeben habe, so ist klar, daß die Sonne um ebensoviel größer sein muß wie die Erde, als jener Winkel von 8,80 Bogensekunden im Halbmesser der Sonne enthalten ist. Das einfache Divisionsexempel ergibt, daß der Durchmesser unseres Zentralgestirns 109mal größer ist als der der Erde. Da der Durchmesser der Erde wegen ihrer Abplattung in verschiedenen Richtungen verschieden ist, so müssen wir weiter präzisieren, daß für die Erde der größte Durchmesser, also im Äquator, gemeint ist, und man sagt deshalb, daß jener Winkel von 8,80 Bogensekunden die »Horizontal-Äquatorial-Parallaxe« der Sonne ist. Da der äquatoriale Durchmesser der Erde 12 755 Kilometer beträgt, so erhalten wir also für den Durchmesser der Sonne 1 390 300 Kilometer.

Welch ein ungeheurer Feuerball! Hundertundneun solcher Himmelskörper wie unsere Erde müßten wir aneinanderreihen, um zwei entgegengesetzte Punkte der Oberfläche des Sonnenballes über seinen Mittelpunkt hinweg zu verbinden. Stellte man die Erde in diesen Mittelpunkt (die Sonne als Hohlkugel angenommen), so könnte der Mond seinen Planeten nicht nur wie jetzt umkreisen, sondern es würde zwischen ihm und der Sonnenoberfläche noch ebensoviel Raum bleiben, wie die Entfernung des Mondes von der Erde beträgt. Die Oberfläche der Sonne ist 109mal 109 oder rund 12 000mal größer als die der Erde. Die ganze Erdoberfläche würde auf der Sonne im Verhältnis nicht größer sein als die Provinz Brandenburg auf der Erde.

Der Rauminhalt zweier Kugeln verhält sich wie die dreimal miteinander multiplizierten Durchmesser. Wir finden also, daß im Innern der Sonne über 1 300 000 Erdkugeln stecken könnten. Unser Planet verschwindet geradezu in der Sonne. Wir können es wohl begreifen, wie sie die Vorherrschaft auch über alle übrigen Planeten für sich in Anspruch nimmt.

Freilich kann sie diese Vorherrschaft nur vermöge ihres wirklichen Übergewichts an Masse üben, das nicht ganz so bedeutend ist. Wir sind imstande, die Sonne auf die Wagschale zu legen und zu bestimmen, wieviel sie schwerer ist als die Erde, und man kann also schließlich auch ihr Gewicht in Kilogrammen angeben, weil wir ja das der Erde kennen. Diese Wage der Himmelskörper ist die Anziehungskraft, die sie aufeinander ausüben. Es fand sich, daß man aus der Sonnenmasse 324 400 Weltkörper vom Gewicht unserer Erde formen könnte. Diese Zahl ist also etwa viermal kleiner als das Verhältnis des Volumens der beiden Weltkörper, das ich vorhin angab. Die Masse der Sonne nimmt einen viermal größeren Raum ein als die gleichschwere Erdmasse, sie ist viermal lockerer verteilt und deshalb durchschnittlich nicht viel dichter als Wasser unter normalen irdischen Verhältnissen.

Welche ungeheure Kraft von dieser Sonnenmasse ausstrahlt, davon kann man sich keine Vorstellung machen. Wir können sie nur ziffermäßig angeben und in Vergleich stellen. Was wir auf der Erde von ihrer strahlenden Kraft verspüren, ist ja wieder nur ein verschwindender Teil ihrer Gesamtkraft. Wissen wir doch schon, daß unser Planet, von der Sonne gesehen, nur als ein Scheibchen von 17,6´´ Durchmesser erscheint, das ist kleiner, als die übrigen Planeten für uns meistens erscheinen. Die Sonne strahlt nun ihre Kraft rings über das ganze Himmelsgewölbe hin, und uns kommt deshalb nur *der* Teil davon zugute, den die Erdscheibe von der ganzen Fläche des Himmelsgewölbes ausmacht. Wir finden so, daß nur der 2735millionste Teil der wirklichen strahlenden Kraft der Sonne all jene unermeßlich großen und vielartigen Wirkungen auf unserer Erdenwelt hervorbringt, denen unsere gesamte lebendige Natur ihr Dasein verdankt. Mit diesen Wirkungen der Sonnenkraft auf der Erde wollen wir uns zunächst noch ein wenig eingehender ziffermäßig beschäftigen.

Ihre augenfälligste Wirkung ist die des Lichtes. Wie hell ist die Sonne? Wir vergleichen ihr Licht mit dem einer sogenannten Normalkerze (Hefner-Lampe), die wir in einem Meter Entfernung aufstellen. Wir finden dann, daß erst 100 000 solcher Kerzen ein weißes Stück Papier ebenso hell beleuchten wie der Sonnenschein. Die betreffenden Beobachtungen wurden von *Fabri* in Marseille ausgeführt und gelten für den Meereshorizont und die Zenitstellung der Sonne in ihrer mittleren Entfernung von uns. Dies ist wichtig, weil von der Sonnenstrahlung beim Durchdringen unserer Atmosphäre ein sehr beträchtlicher Teil verloren geht; wieviel, läßt sich schwer genau angeben, da wir den Zustand der obersten Luftschichten und deren wahre Höhe nicht kennen. Aus der Zunahme der Sonnenstrahlung auf hohen Bergen kann man indes schließen, daß mindestens die Hälfte davon in der Atmosphäre verloren geht, und aus anderen Untersuchungen geht hervor, daß das Sonnenlicht in Wirklichkeit die Kraft von etwa 288 000 Kerzen besitzt, wohl gemerkt, diese letzteren müssen in einem Meter Entfernung stehen, während die Sonne 149 Millionen Kilometer von dem Schirm entfernt ist, den sie trotzdem gleich stark beleuchtet. Am Grunde der Atmosphäre übt jeder Quadratmillimeter der Sonnenoberfläche, die wir als Leuchtkörper betrachten, eine Leuchtkraft von 1800 Kerzen aus, während beispielsweise dieselbe Fläche der doch so intensiv strahlenden Kohle einer elektrischen Bogenlampe nur gegen 200 Kerzen Lichtstärke besitzt. Wir haben ja auch alle schon gesehen, wenn einmal eine Bogenlampe im hellen Sonnenschein brannte, wie sie geradezu zum Nachtlichtchen wurde, ohne alle Kraft.

Welche enorme Hitze muß die Sonne besitzen, um in so intensiver Weißglut dieses Licht ausstrahlen zu können! Man vermag natürlich auch die Wärmestrahlung der Sonne zu messen, aber diese Beobachtungen sind noch mehr Fehlerquellen ausgesetzt als die Messung ihrer Leuchtkraft, weil die Atmosphäre noch in viel unkontrollierbarerer Weise Wärme verschluckt als Licht. Der wechselnde Feuchtigkeitsgehalt spielt dabei namentlich eine große Rolle. Die direkte Wärmestrahlung ist natürlich etwas ganz anderes als die Lufttemperatur. So muß zum Beispiel die Sonne während unseres Winters uns mehr Wärme zustrahlen als im Sommer, weil sie uns dann, wie ich schon weiter oben (S. 7) erklärte, näher steht. Man bestimmte früher diese Wärmeeinstrahlung, indem man beobachtete, um wieviel in einer bestimmten Zeit die Angaben eines schwarz berußten und den direkten Sonnenstrahlen ausgesetzten Thermometers stiegen. Eine schwarze Fläche, ein sogenannter vollkommen schwarzer Körper, nimmt nämlich alle Wärmestrahlen in sich auf, strahlt keine davon wieder zurück, wie alle andern. In neuerer Zeit hat man indes viel feinere Methoden gefunden, um jene uns beständig von dem gewaltigen Zentralherde zuströmende Wärmemenge zu bestimmen. Von ganz wunderbarer Empfindlichkeit ist in dieser Hinsicht das Bolometer, ein Instrument, durch das die Wärme auf sehr schwache elektrische Ströme einwirkt, deren Schwankungen man mißt. Dies ist mit einer Genauigkeit möglich, daß selbst eine Wärmeschwankung von nur dem hundertmillionsten Teil eines Zentigrades dem Beobachter nicht mehr entgeht. Mit diesem Instrumente hat namentlich der amerikanische Astrophysiker *Langley* jahrelange Beobachtungsreihen zum Teil auf hohen Bergen angestellt, die von epochemachender Bedeutung wurden.

Aus allen betreffenden Untersuchungen schließt *Scheiner* in Potsdam, daß an der Grenze unserer Atmosphäre die Sonne einer Fläche von einem Quadratmeter in jeder Minute 4, unter Umständen auch bis 6 sogenannte Wärmeeinheiten oder Kalorien zuströmt. Eine solche bezeichnet die Wärmemenge, die erforderlich ist, um ein Gramm Wasser einen Zentigrad wärmer zu machen. Jene die Wärmestrahlung der Sonne ausdrückende Zahl heißt die *Solarkonstante.* Da nun auch die Wärmestrahlung ganz ebenso wie das Licht im Quadrat der Entfernung abnimmt, so kann man aus dieser Zahl die wirkliche Temperatur der Sonnenoberfläche ableiten und findet dafür etwa 7000 Zentigrade. Dies ist etwas mehr als noch einmal so heiß wie die Kohlenspitzen einer Bogenlampe sind. Wir kommen hier also nicht zu gar so übermaßigen Zahlen, wie man sie früher unter falschen Voraussetzungen gefunden hatte, als man der Sonne noch bis zu 10 Millionen Grad Hitze zuschrieb. Es ist nicht unmöglich, daß einstmals unsere Technik imstande sein wird, die Hitze der Sonnenoberfläche künstlich zu erzeugen, um dann experimentell genauer zu prüfen, in welchen physischen Zuständen die uns bekannten Stoffe sich dort befinden.

Aber ganz gewaltig sind doch die Kraftmengen, die durch diese Wärmestrahlung der Erde zuströmen. Nach Scheiner strahlt die Sonne jährlich eine Wärmemenge aus, die sich in Kalorien durch eine Zahl ausdrückt, welche mit 58 beginnt und 33stellig ist. Der Erde kommt davon nur etwa der 2000millionste Teil zu, wie wir schon wissen, das macht immer noch etwa 96 000 Billionen Kalorien. Man kann sich nun diese Wärme in Arbeitsleistung umgesetzt denken, z. B. als ob man Dampfmaschinen damit heizte und dann arbeiten ließe. Die moderne Wärmelehre zeigt dann, daß eine solche Kalorie imstande ist, das Gewicht von einem Gramm um 428 Meter zu heben. Danach finden wir als gesamte Arbeitsleistung der Sonne auf der Erde, durch ihre Wärmestrahlung, daß sie in jeder Sekunde 32 600 Millionen Tonnen zu je 1000 Kilo um einen Kilometer heben könnte.

Mit dieser ungeheuren Kraft bewegt die Sonne zunächst die atmosphärische Maschine und hebt damit, wie wir täglich vor Augen sehen, ganz gewaltige Lasten bis zu den Wolken hinauf, nämlich das verdunstende Wasser. Aus den meteorologischen Beobachtungen allein folgt, daß jährlich etwa 660 Billionen Kubikmeter Wasser, von denen jedes das Gewicht einer Tonne hat, nicht nur zur Höhe der Wolken emporgehoben, sondern auch noch vom Äquator nach den Polen transportiert werden. Die wieder herabstürzenden Wassermassen arbeiten beständig an der Ausgestaltung der Erdoberfläche, indem sie die Gebirge abtragen und die Meere wieder ausfüllen mit dem in die Tiefe beförderten Erdreich, und alle diese Arbeit verrichtet ausschließlich die Sonne. Nur einen ganz kleinen Bruchteil dieser Kraftfülle benutzen wir, indem wir zum Beispiel vom Niagara, der rechnungsmäßig eine Kraft von 17 Millionen Pferdestärken in der Sekunde entwickelt, verschwindend kleine Wassersträhne abzweigen, deren Fallkraft genügt, ganze Städte mit elektrischem Licht zu versehen. Aber der Niagara ist noch lange nicht der größte unter allen Strömen, die nur durch die Kraft der Sonne ihre ungeheuren Wassermassen aus dem Innern der Kontinente auf Tausende von Kilometern hin bis ins Meer befördern.

Nicht nur die große atmosphärische Maschine bewegt die Sonne, sie greift überall in die mikroskopisch kleinsten Maschinen der Organismen ein und verrichtet dort wahrhafte Wundertaten. Ohne Sonnenlicht und Sonnenwärme könnte keine Pflanze gedeihen. Die Sonne gibt uns unser täglich Brot und noch vieles Schöne und Köstliche dazu. Die Sonne reinigt die veratmete Luft in diesen molekularen Maschinen der Pflanzenzellen auf immer noch gänzlich rätselhafte Weise, indem die grünen Blätter die aus unsern Lungen kommende Kohlensäure einatmen und daraus den Sauerstoff, unsere Lebensluft, abtrennen und uns zurückgeben. Welch unermeßliche Arbeit leistet die Sonne auf diese Weise rings um die Erde herum, indem sie ihr den wundervollen grünen Teppich wirkt!

Nur jener Teil der Sonnenkraft, der im Getriebe der Natur unbenutzt abfällt, würde allein genügen, um der Menschheit alle Last der körperlichen Arbeit von den Schultern zu nehmen, wenn unsere Technik bereits entsprechend ausgebildet wäre, wie es zweifellos einmal geschehen muß, wenn die Vorräte uralter Sonnenkraft, die noch in den Steinkohlenlagern schlummern, verbraucht sein werden. Im kleinen hat man mit dieser Ausnützung schon begonnen. Man treibt bereits heute Dampfmaschinen durch die Sonne in Gegenden, die sehr wasserarm sind, wo man also die Sonnenkraft durch die billige Vermittlung der Kraft des fließenden Wassers nicht ausnützen kann, und wo die Herbeischaffung von Brennmaterial besonders schwierig ist, wie zum Beispiel in den weiten Wüstengebieten Südkaliforniens, in denen vielversprechende Bergwerksunternehmungen entstanden sind. Es wird von einer solchen Maschine berichtet, die, solange die Sonne scheint, beständig die Arbeit von zehn Pferdekräften leistet und in der Minute 6000 Liter Wasser zu Bewässerungszwecken aus der Erde hebt. Die Sonnenkraft wird hier durch einen sehr primitiven Hohlspiegel verdichtet, der aus etwa 1800 kleinen ebenen Spiegelstückchen zusammengesetzt ist und einen Durchmesser von zehn Metern besitzt. Also gerade hier in diesen Wüstengegenden, wo die Sonnenstrahlung alles Wasser verschluckt hat, so daß die Regungen der lebendigen Natur aufzuhören beginnen, hier zwingt der Mensch dieselbe Kraft wieder in ihre sonst geübte heilsame Wirkung zurück, mit der die Sonne den Kreislauf des Wassers reguliert: man läßt sie Wasser schöpfen, wie sie es im großen über den Meeren tut, um es aus den Wolken über die Erdoberfläche erquickend zu verteilen.

Um jene vorhin erwähnte Arbeit von zehn Pferdekräften zu leisten, wird einem Oberflächenstück von zehn Metern Durchmesser die Sonnenwärme entzogen. Welche ungeheuren Mengen von Arbeit verschluckt der Wüstensand der Sahara, den die Sonne glühend heiß macht! Würde nur der dreitausendste Teil der Sahara mit Spiegeln und Maschinen, wie die oben beschriebenen, besetzt, so lieferten sie schon ebensoviel Kraft, wie der ganze Niagara.

Woher nimmt die Sonne alle diese Kraft, die sie seit Jahrmillionen rings in das Weltall hinaussendet? Muß sie nicht einstmals versiegen? Es wäre der Weltuntergang für uns. Schon, wenn ihre Strahlenfülle nur ganz vorübergehend auf einige Minuten von uns abgehalten wird, bei totalen Finsternissen, stocken die Pulse der Natur.

Eine Sonnenfinsternis entsteht bekanntlich dadurch, daß der Mond vor das Tagesgestirn tritt und seine Strahlen abhält. Da der scheinbare Durchmesser des Mondes ungefähr gleich dem der Sonne ist, so kann er diese zuweilen für uns vollkommen verdecken; aber das geschieht nicht jedesmal, wenn er in seinem monatlichen Laufe zwischen Erde und Sonne tritt, weil die Bahnen beider Himmelskörper nicht genau in derselben Ebene liegen. Für gewöhnlich geht zu dieser Neumondszeit unser Begleiter unter oder über der Sonne vorbei, und nur etwa alle Halbjahre tritt er dabei so zwischen die beiden Himmelskörper, daß es je 1–3 Finsternisse gibt; verdeckt uns der Mond die Sonne, so haben wir eine totale oder partielle Sonnenfinsternis. Die Zeichnung auf Seite 17 mag dies veranschaulichen. Auf dem Gebiet von a bis d und von b bis e verdeckt nur ein Teil des Mondes die Sonne; hier ist die Finsternis nur partiell. Sie bietet dem Laienauge nichts Besonderes. In den meisten Fällen würde sie unbemerkt vorübergehen, denn man kann ja die Sonne selbst nicht ansehen. Nur wenn man durch die rechnenden Astronomen vorher aufmerksam gemacht, die Sonne bei solchen Gelegenheiten durch ein berußtes Glas, das die allzu blendenden Strahlen abhält, betrachtet, sieht man, daß sich in der Sonnenscheibe ein kreisförmiger Ausschnitt befindet, der sich langsam von rechts nach links bis zu einer gewissen Grenze weiter herbewegt, um sich auf der andern Seite dann wieder hinauszuschieben. Besondere Phänomene treten dabei nicht auf. Der verdeckte Teil der Sonnenscheibe vermindert die allgemeine Helligkeit der Landschaft nicht. Auch wenn der Mond genau vor die Sonne tritt, sein Durchmesser aber kleiner ist als der der Sonne, ändert sich das Bild noch nicht sehr wesentlich: Es entsteht dann eine *ringförmige Finsternis.* Um den dunklen Mond herum schlingt sich ein leuchtender Ring, der immer noch Kraft genug besitzt, um die Erde fast wie sonst sonnenhell zu beleuchten. Auch dauert diese Phase der Ringförmigkeit immer nur wenige Minuten.

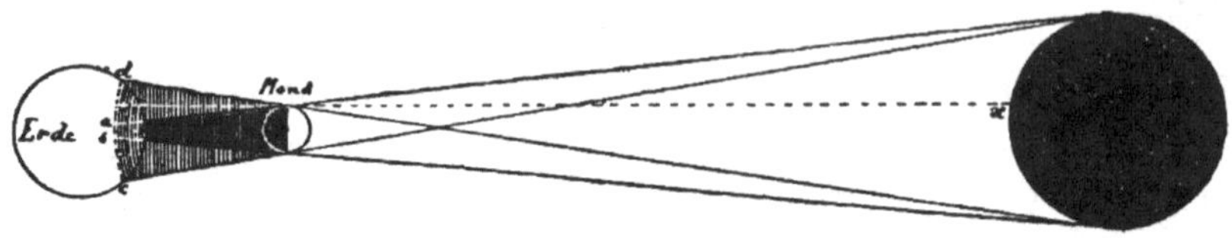

Partielle und totale Sonnenfinsternis.

Die scheinbaren Durchmesser von Sonne und Mond sind nun aber veränderlich wegen der wechselnden Entfernungen der beiden Gestirne von uns. Der Mond kann deshalb die Sonne auch völlig verdecken; dann tritt eine *totale Finsternis* ein. Auf der Zeichnung findet dies auf dem Gebiet von a bis b statt. Während die Dauer der partiellen Verfinsterung sich über zwei Stunden hinziehen kann, währt die eigentliche totale Verfinsterung nur höchstens acht Minuten, in den meisten Fällen aber viel weniger.

Während dieser kurzen Minuten vollzieht sich nun ein vollkommener Wandel des Naturbildes, der auch auf die naivsten Naturmenschen, ja selbst auf die Tiere einen tiefen Eindruck macht. Die Sonne selbst steht plötzlich als schwarze Scheibe am Himmel, umgeben von einem eigentümlichen Schein, der in silberglänzenden, unregelmäßigen Strahlenbündeln in den fahlgrauen Himmel hinausreicht. Dieser Schein ist die sogenannte Korona, sie ist keine bloß optische Wirkung, sondern etwas Tatsächliches, das uns noch eingehender beschäftigen wird. Der Himmel wird so dunkel, daß die helleren Sterne sichtbar werden, wie in der ersten Dämmerung nach Sonnenuntergang. Aber die allgemeine Stimmung ist vielmehr die eines plötzlich aufziehenden Gewitters. Am Horizonte geht die graue Färbung des Himmels in ein düsteres Violett-Rot über, das sich als langer Streifen hinzieht und von dem Teile der Atmosphäre herrührt, der noch nicht oder nicht mehr vom Mondschatten getroffen wird. Im Augenblicke des Eintritts der Totalität sieht man seltsame, sich schlängelnde fliegende Schatten über die Landschaft dahineilen, deren Ursprung noch nicht sicher erkannt ist, die aber wohl von eigentümlichen abnormen Brechungen des Lichtes in unserer Atmosphäre herrühren, ähnlich den Schlierenbildungen in ungleich dichtem Glase. Ein »Finsterniswind« geht meist dem Mondschatten auf seinem Wege über die Erdoberfläche hin voran; die Temperatur sinkt oft um 2 bis 3 Zentigrad. Kein Wunder, daß auch die lebendige Natur auf diese plötzliche Veränderung der Verhältnisse reagiert. Man sieht die Vögel erschreckt auffliegen; der über sie hinsausende Schatten hat ihnen diesen Schrecken eingejagt, vermutlich, weil sie ihn auf einen herannahenden Feind beziehen. Man kann ein bezügliches Experiment leicht an Fliegen machen, die im

Sonnenschein still an der Wand sitzen. Sobald man, etwa durch die Hand, aus beliebiger Entfernung einen Schatten über sie hinstreichen läßt, fliegen sie davon. Dann beobachtet man bei der Totalität, daß Hühner und andere Tiere ihre Nachtquartiere aufsuchen oder sich verstecken, und Blumen sieht man ihre Kelche schließen. Alles dies ist ganz erklärlich, obgleich man es früher geheimnisvollen Einflüssen zuschreiben wollte. Während einer solchen Finsternis sollte ein giftiger Hauch über die Erde hinstreichen, vor dem sich die Tiere und auch die Pflanzen zu schützen suchten. Daß selbst den Menschen, der die Ursache der Erscheinung kennt und sie deshalb nicht zu fürchten braucht, ein Gefühl der Beklommenheit beschleicht, ist auch ganz begreiflich. Ist es doch, als ob ein plötzlicher Riß durch die ganze Natur ginge. In keinem Augenblicke empfindet man mehr und gewissermaßen instinktiv, wie sehr man von dieser gewaltigen Weltleuchte abhängig ist, die sich da plötzlich verfinstert, wie ersterbend an einem bleischweren Himmel hängt, als wolle sie den Weltuntergang ankündigen.

Deshalb gehörten die Finsternisse, die doch in Wirklichkeit niemals Schaden anrichteten, dennoch bei allen Völkern zu den am meisten gefürchteten Naturerscheinungen. Man stellte sich vor, daß ein unsichtbarer Drache an dem strahlenden Gestirn nage, um es nach und nach ganz zu verschlingen. So glaubten zum Beispiel die alten Chinesen, und da man diesem Drachen – dem bösen Prinzip im Gegensatze zu dem in der Sonne verkörperten guten – nicht anders beikommen konnte, so begann man einen Höllenlärm zu schlagen, vor dem sich der Drache so fürchtete, daß er die schon verschlungene Sonne ebenso stückweise wieder von sich gab, wie er sie sich einverleibt hatte. Bei Gelegenheit der Finsternisse fanden deshalb ganz besondere Zeremonien statt, an denen selbst der Kaiser teilnahm. Es war also von großer Wichtigkeit, diese Ereignisse voraussagen zu können, was nach gewissen Erfahrungen über ihre Periodizität auch schon sehr früh gelang. So gaben diese Erscheinungen an der Sonne den ersten Anstoß zu einer rechnenden, theoretischen Astronomie. Es wurden Staatsastronomen angestellt, welche die Aufgabe hatten, den Kalender zu machen und darin die Daten der Finsternisse vorher anzugeben. Sie wurden schon im 3. Jahrtausend vor unserer Zeitrechnung auf das schärfste, meist mit dem Tode bestraft, wenn sie eine Finsternis nicht vorhergesagt hatten. Berühmt ist in dieser Hinsicht die Sonnenfinsternis, die nach den Untersuchungen Theodor *v. Oppolzers* am 22. Oktober 2137 v. Chr. stattfand. Von ihr wird berichtet, daß die Hofastronomen Hi und Ho sich damals im Amte befanden, sich aber liederlich in Wein versenkten, so daß die Finsternis unverkündet eintrat und eine große Unordnung im Volke hervorrief: »Der Blinde brachte die Trommel zu Ohren, der sparende Mann lief einher, die gemeinen Menschen liefen«, Hi und Ho aber hörten und wußten nichts. Sie mußten ihre nachlässigen Häupter dem Henker überliefern. Diese Sonnenfinsternis ist zugleich das älteste Himmelsereignis, von dem wir eine sichere Überlieferung besitzen.

Solche Überlieferungen sind von höchstem Wert für die astronomische Wissenschaft. Totale Sonnenfinsternisse ereignen sich an einem bestimmten Orte der Erdoberfläche nur sehr selten. Man kann rechnen, daß innerhalb eines bestimmten engeren Gebiets eine solche Erscheinung nur etwa alle 200 Jahre einmal eintritt. So ging der Mondschatten über Norddeutschland zum letztenmal am 19. August 1887 hin, und erst am 7. Oktober 2135 wird er dort wieder erscheinen. Nahezu über Wien hin geht eine Totalitätszone erst wieder am 11. August 1999.

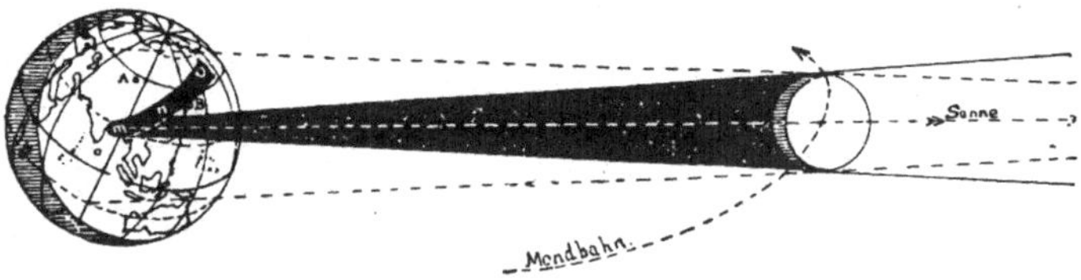

Weg des Mondschattenkegels über die Erdoberfläche während einer totalen Sonnenfinsternis.

Sonnenfinsternisse an sich sind dagegen auf der Erdoberfläche überhaupt nicht selten. Es ereignen sich mindestens 2, höchstens 5 im Jahre, worunter fast immer eine totale. Die Totalität selbst ist aber immer nur auf einem engen Streifengebiete sichtbar, worüber eben die Spitze des Mondschattens hinzieht, wie aus beistehender Zeichnung zu ersehen ist. m, n, o ist der Weg des Mondschattens über die Erde oder die Totalitätszone. Man wird auch leicht verstehen, daß der Weg, den der Mond scheinbar vor der Sonnenscheibe beschreibt, sehr wesentlich von unserm Standpunkt auf der Erde abhängt. Der Mond steht uns 387mal näher als die Sonne, das heißt, seine Parallaxe ist auch 387mal größer, also etwa 57 Bogenminuten. Um das Doppelte dieses Winkels kann sich also nach unsern Betrachtungen über die Parallaxe der Mond im Maximum perspektivisch gegen die Sonne verschieben, je nachdem man ihn auf dem einen oder dem andern Ende eines Erddurchmessers betrachtet. Das macht beinahe viermal mehr, als der scheinbare Durchmesser dieser beiden Gestirne selbst beträgt. Deshalb kann an einem Orte der Mond die Sonne völlig verdecken, während an einem andern, um etwa vierzig bis fünfzig Breitengrade davon entfernten Orte die beiden Gestirne sich überhaupt nicht berühren, also nicht einmal eine partielle Finsternis stattfindet. Man begreift deshalb auch, welche wichtigen Schlüsse über den Lauf von Sonne und Mond die historische Überlieferung zu geben imstande ist, die uns von totalen Verfinsterungen der Sonne erzählt. In der Hauptsache zu dem Zweck, alte Finsternisse leicht feststellen zu können, hat Theodor v. Oppolzer sein Riesenwerk, den »Kanon der

Finsternisse«, geschaffen, an dem auch der Verfasser mit noch einer Reihe von andern Kollegen mitgerechnet hat. Das Werk enthält alle zur Feststellung nötigen Angaben über 8000 Sonnen- und 5200 Mondfinsternisse für die Jahre 1207 v. Chr. bis 2163 n. Chr. Umgekehrt gewinnt aus solchen Untersuchungen auch die historische Wissenschaft, indem der Astronom Daten genau festlegen und ganze Zeitepochen an die rechte Stelle rücken kann, in denen von totalen Sonnenfinsternissen auf bestimmten Gebieten geredet wird. So konnte zum Beispiel die älteste chinesische Zeitrechnung mit der unsrigen verbunden werden.[2]

Wir sahen, welchen mächtigen Einfluß auf die gesamte Natur auch nur das vorübergehende Schwinden der Sonnenstrahlung hervorbrachte, und fragten uns, ob wohl diese Kraftfülle einmal versiegen könne, da am Ende doch nichts in der Welt ewig ist. Dies bedingt die weitere Frage, woher die Sonne all diese Kraft eigentlich nimmt. Wir müssen uns das Riesengestirn etwas näher ansehen, seine Konstitution und die Vorgänge auf ihm studieren um auf diese Fragen Antwort geben zu können.

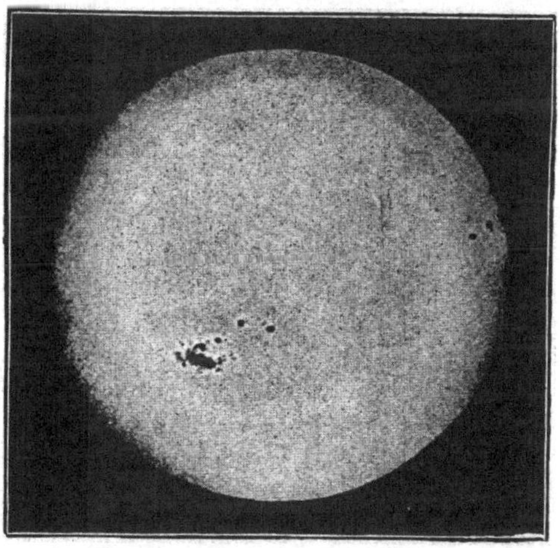

Die Sonne mit Flecken.

Betrachten wir die Sonne durch ein Fernrohr, oder lassen wir sie ihr eigenes Bild auf der photographischen Platte entwerfen! Da sehen wir dann, daß sie, das Symbol der Reinheit, doch selten ganz fleckenlos ist (s. Abb. oben). Zunächst sehen wir sie überzogen von einer Unzahl von feinen Poren und Linien, einem Netzwerk, das in beständiger Veränderung begriffen ist und offenbar gebildet wird durch Wölkchen, die, unsern Schäfchenwolken (Cirrus) ähnlich, sich eng aneinanderdrängen. Das Ganze nennt man die *Granulation* der Sonnenoberfläche (s. Abb. S. 22). Man muß sich aber wohl vorstellen, daß diese »Wölkchen« durchschnittlich die Ausdehnung eines irdischen Kontinentes besitzen. Diese wolkenartigen Gebilde grenzen eine bestimmte Atmosphärenschicht der Sonne ab, die sogen. *Photosphäre*, die eigentliche Lichtspenderin. Über dieser aber befindet sich noch eine andere Luftschicht, die nur bei totalen Finsternissen unmittelbar und deutlich gesehen werden kann und dann einen rosafarbenen Ring um die leuchtende Scheibe bildet, die *Chromosphäre*. Sie besteht, wie wir gleich noch näher sehen werden, aus den leichtesten bekannten Gasen, Wasserstoff und Helium. Über dieser Schicht endlich breitet sich die oben erwähnte Korona.

Granulation der Sonnenoberfläche.
Photographische Aufnahme des Observatoriums von Meudon.

Diese Sonnen-Schäfchenwolken sind, wie schon gesagt, in fortwährender Bewegung. Zwei Aufnahmen, zwischen denen nur zehn Minuten liegen, sind oft schon voneinander verschieden. Man wolle wohl bedenken, wie groß die Verschiebungen in Kilometern sein müssen, damit wir sie von uns aus derart erkennen können. Die Sonnenatmosphäre ist in beständiger Unruhe.

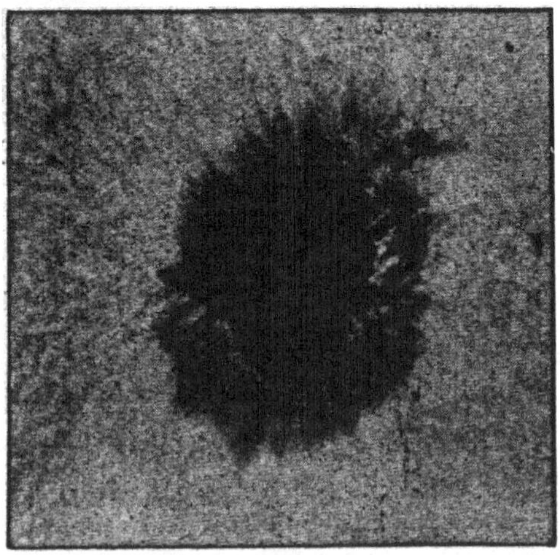

Ein normaler Sonnenfleck.
Nach Secchi.

Am deutlichsten tritt dies durch die *Sonnenflecke* zutage. An den Stellen der Photosphäre, wo ein solcher Fleck hervorbrechen will, wird zunächst oft die Umgebung heller, es entstehen »*Fackeln*«; aber diese sind durchaus nicht immer die Vorläufer der Flecke, die oft von jenen umgeben werden. Die Flecke brechen oft sehr schnell hervor, so daß sie sich in wenigen Tagen völlig entwickeln. Es kann aber auch Wochen dauern, bis aus kleinen Anfängen schließlich eine ganze Gruppe von Flecken gebildet wird, die lange Zeit, oft Monate hindurch, auf der Sonne verweilt, um sich dann erst wieder langsam aufzulösen. Solche Sonnenflecke können gelegentlich ganz enorme Dimensionen erreichen. So bedeckte eine Fleckengruppe, die im Februar und März 1905 selbst mit dem bloßen Auge sichtbar war, $^{1}/_{30}$ der uns zugewandten Sonnenhalbkugel, das ist ein Gebiet, 200mal größer als die ganze Erdoberfläche.

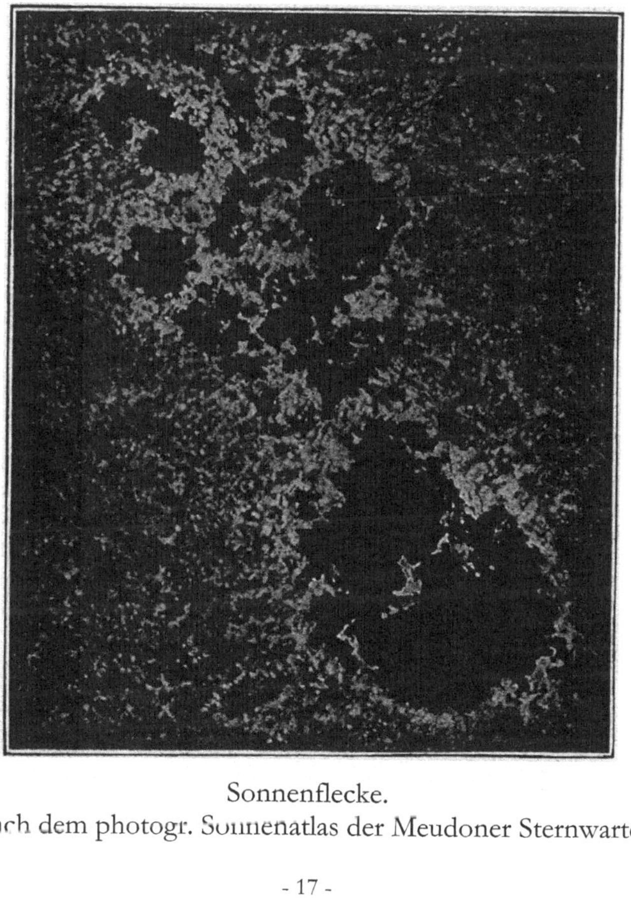

Sonnenflecke.
Nach dem photogr. Sonnenatlas der Meudoner Sternwarte.

Ein regelmäßiger Fleck hat eine runde Gestalt; er erscheint in der Mitte ganz schwarz, was jedoch nur eine Kontrastwirkung ist, denn man konnte bestimmen, daß dieser Kern immer noch etwa 5000mal heller strahlt wie eine gleichgroße Fläche des Vollmondes. Den Kern umgibt in der Regel der Halbschatten, die Penumbra, die oft von einer Menge strahlenförmig nach der Mitte verlaufender Streifen durchzogen ist. Der ganze Fleck gewinnt dann eine gewisse äußere Ähnlichkeit mit einem Explosionskrater. Aber doch nur selten zeigen die Flecke eine so regelmäßige Gestalt. Oft sehen wir, wie die Materie der Sonnenoberfläche wild durcheinander gewirbelt worden ist, und eine drehende Bewegung ist dabei gelegentlich nicht zu verkennen. Schon der bloße Anblick des Verlaufs der Erscheinung legt die Vermutung nahe, daß man es hier mit ungeheuren Wirbelstürmen zu tun habe, ihrer Entstehung nach nicht unähnlich den irdischen Zyklonen. In einzelnen Fällen, wenn man einen deutlich ausgebildeten Fleck bis an den Sonnenrand verfolgen konnte, sah man, daß es Vertiefungen in der Photosphäre waren, riesige Trichterschlünde, wie sie ja auch die Wolken in unseren Zyklonen bilden. Aber in andern Fällen konnten Flecke auch in so günstiger Lage nicht als Vertiefungen erkannt werden.

Vermutlich brechen aus diesen von strahlender Luft gebildeten Kratern jene ungeheuren rötlichen Flammenzungen hervor, die man früher nur als *Protuberanzen* am Sonnenrande sehen konnte, wenn bei totalen Verfinsterungen die übrige Helligkeit der Sonne abgedeckt war. Heute hat man mit Hilfe des Spektroskops eine Methode gefunden, durch die man jederzeit diese gewaltigen Eruptionen am Sonnenrande verfolgen kann. Auf der Sonnenscheibe selbst sind sie zwar nicht mehr als solche zu erkennen, aber es wird vermutet, daß die oben erwähnten Fackeln mit jenen Protuberanzen identisch sind. Man sieht den ganzen Sonnenrand über weite Gebiete hinweg mit feinen roten Flämmchen besetzt. Jedenfalls haben wir es in den Flecken, Fackeln und Protuberanzen mit Begleiterscheinungen ungeheurer Eruptionen zu tun, die bald in dieser, bald in jener Form auftreten, so daß oft wohl alle drei Erscheinungsformen miteinander in direkter Verbindung stehen mögen, ohne daß dies so sein müßte.

Völlig aufgeklärt ist es zwar noch nicht, was wir eigentlich in den Protuberanzen vor uns haben, und ob es wirklich immer Eruptionen aus dem Innern des Sonnenballes sind. Einzelne dieser Erscheinungen erweisen sich dazu trotz des größeren Maßstabes, den man an die Sonne zu legen hat, doch als gar zu gewaltig. So hat Pater Fenyi solche Flammenzungen bis zu mehr als einem Drittel des ganzen Sonnendurchmessers oder 500 000 Kilometern, das ist 40mal mehr als unser ganzer Planet von Pol zu Pol mißt, emporschlagen sehen, und zwar mit einer so rasenden Geschwindigkeit, bis zu mehr als 300 Kilometern in der Sekunde, daß man wirklich kaum entsprechend gewaltige Spannkräfte im Sonneninnern voraussetzen kann.

Man hat an optische oder elektrische Erscheinungen gedacht, weil auch viele Protuberanzen lange Zeit ziemlich unverändert sich schwebend erhalten. Die Substanzen, die dort scheinbar ausgeschleudert werden, sind meistens Wasserstoff und Helium, die beiden Gase, die die Chromosphäre bilden, welche von den Protuberanzen durchbrochen wird. Nach dieser Ansicht sind nun diese Gase schon immer an jenen Stellen gewesen, nur in einem andern Dichtigkeitsverhältnis wie die Umgebung. Sie besitzen deshalb verschiedenes Brechungs- und Leitungsvermögen. Bei der Bildung eines Sonnenfleckes müssen sich dann Licht- oder elektrische Wirkungen in den ungleich dichten Medien auch ungleich verbreiten und deshalb dieses Emporschlagen gewissermaßen nur vorspiegeln. Auch ist es möglich, daß man es mit Explosionen zu tun hat, das heißt mit plötzlich durch die Vorgänge bei der Bildung eines Fleckes nur ausgelösten chemischen Verbindungen, die sich in den oberhalb schon vorhandenen Gasen so schnell verbreiten. Jedenfalls sehen wir, daß die Umwälzungen, die zu so ausgedehnten Gleichgewichtsstörungen führen, ganz gewaltiger Art sein müssen, wenn uns auch ihre eigentliche Natur noch nicht bekannt ist.

Zum näheren Verständnis dieser Vorgänge müssen wir die eigentümliche Periodizität aller dieser Erscheinungen, die sich auch in einer ganzen Reihe von Vorgängen auf der Erde widerspiegeln, ins Auge fassen.

Die Sonne ist nicht zu allen Zeiten durchschnittlich gleich stark mit Flecken besetzt. Es gibt Jahre, in denen sie wirklich als Sinnbild der Makellosigkeit gelten kann, in andern Jahren dagegen bricht ein Fleck nach dem andern auf, und die ganze Sonnenoberfläche zeigt dann eine besondere Unruhe. Aus Aufzeichnungen, die bis in die Zeit der ersten Anwendung des Fernrohrs auf die Himmelsbeobachtung (1610) zurückreichen, fand *Rudolf Wolf* in Zürich, daß immer nach 11,11 ($11^1/_9$) Jahren ganz besonders viele Sonnenflecke auftreten, freilich so, daß das Maximum auch einmal selbst bis zu zwei Jahren früher oder später eintreten kann. Von einer astronomischen Genauigkeit ist hier also keine Rede. Charakteristisch ist es ferner für die Fleckentätigkeit, daß die Zeit vom Minimum zum Maximum deutlich kürzer ist als zurück vom Maximum zur größten Fleckenreinheit. Die erstere Zeit beträgt etwa 5,1, die andere 6,0 Jahre (nach den von *Wolfer* revidierten Wolfschen Untersuchungen der Sonnentätigkeit von 1610–1874). Diese Ungleichheit entspricht der allgemein auftretenden Erscheinung, daß eine Störung immer schneller hereinbricht, als sie wieder zu beseitigen ist.

Parallel mit diesen Schwankungen der Sonnentätigkeit geht nun auch die eigentümliche Verteilung der Flecke über die Oberfläche des glühenden Balles. Da sich dieser, worauf wir noch näher zurückkommen, um seine Achse dreht, so kann man auf ihm geometrisch einen Äquator, Breiten- und Längengrade unterscheiden, wie auf der Erde, und also auch in bezug auf diese das Fleckenphänomen studieren. Es fand sich dabei, daß Flecke nur in einer äquatorialen Zone häufig auftreten; schon jenseits einer Breite von 33 Grad nördlich und südlich sind Flecke sehr selten, über 42 Grad werden keine mehr beobachtet. Die den Polen näher kommenden Flecke scheinen besonderen Umständen ihre Existenz zu verdanken, da sie von dem Verlauf der oben erwähnten Periode mehr oder weniger unabhängig sind. Aber auch wieder auf dem Äquator selbst und in seiner nächsten Umgebung sind die Flecke seltener. Nach Beobachtungen in Greenwich, die sich über die Jahre 1874 bis 1902 erstrecken, verläuft nun das Fleckenphänomen folgendermaßen: Das Bild auf Seite 27 veranschaulicht diese Verhältnisse. Während der Zeit des Minimums zeigen sich Flecke in einer Zone, die nicht über 18 Grad Breite zu beiden Seiten reicht. Der Beginn der neuen Tätigkeit kündigt sich dann durch das Auftreten von Flecken in höheren Breiten bei etwa 30 Grad an, so daß zwischen dieser Zone und dem äquatorialen Gürtel ein fast fleckenfreier Raum vorhanden ist. Die neu beginnende Tätigkeit steht also in keinem direkten Zusammenhange mit der alten, die sich auf jenen Äquatorgürtel zurückgezogen hatte. Die Zone der größten Fleckenhäufigkeit rückt nun aber in immer niederere Breiten, bis sich schließlich die neue Zone mit der alten vereinigt, so daß das Maximum der Sonnentätigkeit etwa auf 15 Grad Breite fällt. So wiederholt sich das Spiel regelmäßig. Aber überall zeigen sich auch wieder Abweichungen, so daß man zur Aufstellung eines festen Gesetzes nicht gelangen kann. Auch auf beiden Hemisphären der Sonne scheint die Fleckenfrequenz ungleich zu sein. Während der vorhin angegebenen Beobachtungsperiode war die südliche Halbkugel »fruchtbarer« als die nördliche. In bezug auf die Verteilung nach den Längengraden scheinen gleichfalls gewisse Gegenden, ja bestimmte Punkte für die Fleckenbildung begünstigt zu sein. Dieser Umstand ist sehr beachtenswert, da er darauf hindeutet, daß im Innern der Sonne doch schon irgendwie festere Regionen vorhanden sein müssen, welche allein nur die Ursachen von Störungen sein können, die eben immer wieder an diesen selben Punkten auftreten.

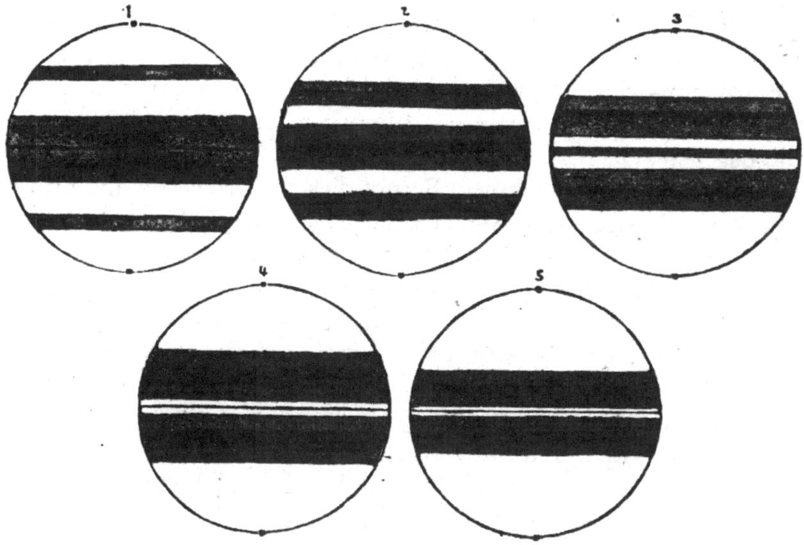

Verteilung der Sonnenflecke:
1. Kurz vor dem Minimum. 2. Kurz nach dem Minimum. 3. Vor dem Maximum. 4. Im Maximum. 5. Nach dem Maximum.

Für uns wandern die Flecke ziemlich schnell über die Sonne hin, weil diese sich in etwa 25½ Tagen einmal um sich selbst dreht. Die genaue Ermittlung dieser Rotationszeit ist Schwierigkeiten unterworfen, weil die Flecke, deren Bewegung man zu diesem Zwecke beobachten muß, immer starke Eigenbewegungen haben, die nur von den sturmartigen Vorgängen, unter denen sie offenbar entstehen, abhängen. Es können deshalb verschiedene Flecke einer Gruppe auch verschieden schnell über die Sonnenscheibe hinziehen, ja es ist die Regel, daß sich eine Gruppe in der Richtung der Rotationsbewegung, also in einem Parallel, auseinanderzieht. Dabei findet nun aber meist eine Abweichung in dem Sinne statt, daß auf der nördlichen Halbkugel die Flecke mehr nach Nordosten, auf der südlichen dagegen nach Südosten gedrängt werden. Dies ist besonders interessant, weil es dem auch auf der Erde für die Zyklone geltenden Rotationsgesetze entspricht. Die Erscheinung rührt daher, daß die Umdrehungsgeschwindigkeit einer Kugel vom Äquator, wo sie am größten ist, bis zu den ruhenden Polen abnimmt. In höhere Breiten übergehende Luftströmungen kommen daher dort mit einer Geschwindigkeit an, die größer ist, als die in jenen Regionen normal herrschende; der Widerstand, den ihre ursprüngliche Geschwindigkeit hier findet, wird dadurch die Veranlassung zu einer in dem angegebenen Sinne umbiegenden Wirbelbewegung.

Diese Verhältnisse machten es schwer, die Eigenbewegung der Flecke von der wirklichen Rotationszeit zu trennen, und eine Reihe von Beobachtern kam deshalb zu dem Schlusse, die normale Umdrehungszeit der Sonnenoberfläche nehme regelmäßig vom Äquator zu den Polen ab. Dabei ist die Rotations*zeit* von der Rotations*geschwindigkeit* wohl zu unterscheiden; erstere muß natürlich bei einem festen Körper überall dieselbe sein. Für die Sonne dagegen schien sie vom Äquator bis zur Grenze der Fleckenzonen von 25 auf 28 Tage abzunehmen. Beruht dies auch vielleicht auf Irrtum, so scheint doch die eigentliche Äquatorzone der oberen Sonnenatmosphäre in der Tat den übrigen Teilen beständig vorauszueilen. Man hat gemeint, daß die Ursache davon vielleicht das einstmalige Herabstürzen eines Nebelringes gewesen sei, der vordem die Sonne umgab. In einem andern Bändchen dieser Sammlung, das sich mit der Frage eines möglichen Weltunterganges beschäftigt,[3] habe ich die Auflösung und Wiedervereinigung von Planeten mit ihrem Zentralkörper entsprechend geschildert. Ein Planet, der sich durch die allgemeinen Widerstände im Weltraume seiner Sonne zu sehr nähert, wird von ihr in einzelne Teile zerbröckelt, die sich über seine Bahn zu einem Ringe ausbreiten. Durch die Hitze des Sonnenkörpers werden die Bröckelchen in Gasform aufgelöst, und als Nebelring vereinigt sich der Planet endlich wieder mit seinem Mutterkörper. Nach den allgemeinen Gesetzen der Planetenbewegungen mußte solch ein Ring schneller umlaufen, als die Sonne gegenwärtig sich um sich selbst dreht. Sein Aufsturz würde also die Äquatorgegenden in der Tat beschleunigen. Alles dies sind natürlich rein hypothetische Kombinationen.

Ganz denselben Gesetzmäßigkeiten, wie wir sie hier an den Flecken wahrgenommen haben, begegnen wir nun auch bei den Fackeln, jenen hellsten Stellen der Sonnenoberfläche, die meist die Flecke umgeben, aber sehr häufig auch selbständig auftreten. Das Gebiet der Sonnenoberfläche, das von den Fackeln eingenommen wird, ist im allgemeinen bedeutend größer als das von Flecken besetzte, und diese Fackeln sind auch beständiger als die Flecke. Wolfer hat Fackelgruppen nicht so selten beobachtet, die während mehr als acht Umdrehungsperioden wiederkehrten, indem sie nur jene Eigenbewegungen ausführten, wie sie schon bei den Flecken beschrieben wurden. Sonnenflecke sieht man nur in seltenen Fällen während drei oder vier Rotationsperioden wiederkehren, freilich bestand in einem einzelnen Falle auch einmal ein Fleck 18 Monate lang. Die Fackeln sind gleich den Flecken innerhalb derselben Zone am häufigsten; auch sie kommen in den Polargegenden nicht vor. Sie zeigen ebenfalls die elfjährige Periode. Dies alles beweist, daß beide Erscheinungen auf das engste zusammengehören. Dennoch können Fackeln durch mehrere Rotationsperioden bestehen, ohne daß sich aus ihnen ein Fleck entwickelt. Man sieht Flecke über Fackeln scheinbar ohne Zusammenhang mit ihnen ausgestreut. Wir wollen uns hier zunächst darauf beschränken, die Tatsachen der Beobachtung anzuführen. Die ursächlichen Beziehungen können wir erst ins Auge fassen, wenn wir alle hierher gehörigen Erscheinungen überblicken.

Ähnliches wie von den Flecken und Fackeln gilt auch von den Protuberanzen, doch mit einer wesentlichen Einschränkung. Die spektroskopische Untersuchung, auf deren Resultate über die Sonne wir noch im besonderen zurückkommen, hat gezeigt, daß es zwei sehr verschiedene Arten von Protuberanzen gibt, von denen die einen in der Hauptsache nur Wasserstoff und Helium enthalten, die andern aber Metalldämpfe, aus denen die Photosphäre der Sonne besteht. In jenen werden also die Stoffe emporgeschleudert, welche die höheren Schichten der Sonnenhülle, die Chromosphäre, bilden, die andern stehen in Beziehung zu der tieferen Photosphäre.

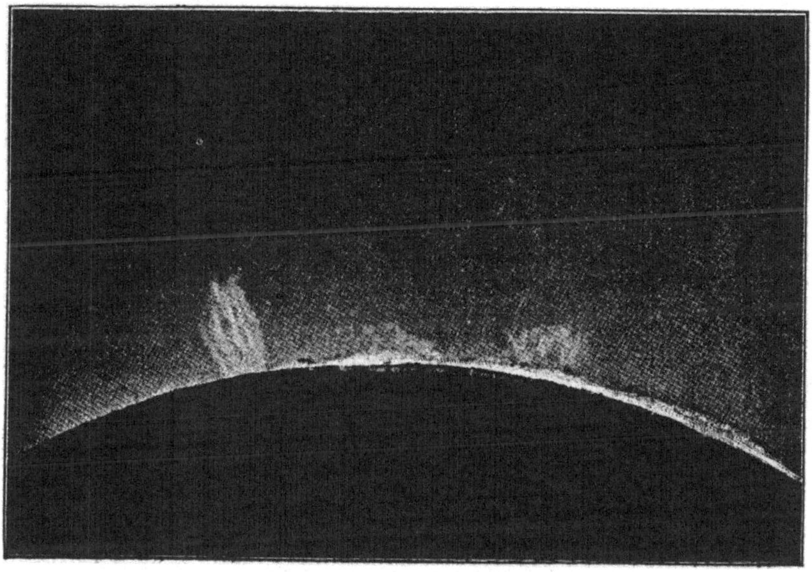

Protuberanzen am Sonnenrande.
Die Sonne selbst ist durch den Mond verfinstert.

Die sehr zahlreichen Wasserstoff-Protuberanzen zeigen keinen hervorstechenden Zusammenhang mit den Flecken und Fackeln. Man beobachtet sie am ganzen Sonnenrande bis zu den Polen hin, wenngleich ihre Ausdehnung und Größe doch auch an die Regionen der allgemeinen größeren Sonnentätigkeit gebunden ist. Dagegen stehen die metallischen Protuberanzen in deutlicher Beziehung zu den Fackeln und Flecken. Wolfer teilt mit, daß von »315 metallischen Protuberanzen, die in 39 Rotationsperioden beobachtet waren, 274, d. h. fast 90%, in Fleckengruppen oder doch deren nächster Nähe lagen, 27 oder 10% in Fackelgruppen, die keine Flecke enthielten, und nur 14 oder etwa 5% erschienen gänzlich unabhängig von Flecken- und Fackelbildungen.« Wir dürfen also wohl annehmen, daß die Wasserstoff-Protuberanzen zunächst ihr Entstehen nur Vorgängen verdanken, die sich innerhalb der Chromosphäre abspielen, während die metallischen Protuberanzen ihre Ursache mit den Flecken und Fackeln zugleich im Innern der Sonne haben.

Über der Chromosphäre breitet sich die Korona, die trotz vieler vergeblichen Versuche, sie unter gewöhnlichen Umständen beobachten zu können, sich unsern Blicken nur in den wenigen Minuten einer totalen Finsternis enthüllt. Ihr Wesen ist deshalb noch immer recht geheimnisvoll geblieben. Sie besteht aus breiten Strahlenbüscheln, die sich oft um mehr als einen Sonnendurchmesser in den Raum erstrecken, aber nicht immer geradlinig, sondern namentlich um die Pole herum in eigentümlich gesetzmäßiger Weise gekrümmt. Die kräftigsten Ausläufer gehen auch bei diesem Phänomen wieder von den Gegenden der größten Sonnentätigkeit aus, aber feinere Strahlen umgeben auch die Pole selbst. Die Anordnung der Strahlen entspricht genau sogenannten magnetischen Kraftlinien, wie sie zum Beispiel durch Eisenstäbchen um einen Magnetpol markiert werden. Auch unsere Erde besitzt gewissermaßen Koronastrahlen, die Polarlichter, die ihre Strahlen in ganz entsprechender Weise verteilen. Wir werden weiterhin sehen, daß ein innerer Zusammenhang zwischen beiden Erscheinungen, jener solaren und dieser irdischen, existiert. In neuerer Zeit ist eine Beziehung zwischen der wechselnden Form der Korona und der Fleckenperiode nachgewiesen worden. Zur Zeit des Minimums gehen die Koronastrahlen mehr von der Äquatorgegend aus, während an den Polen jene Kraftlinien nicht auftreten; diese erscheinen erst bei erhöhter Sonnentätigkeit, wobei die Äquatorstrahlen dann geringer werden. Wir sehen hieraus deutlich, wie die elektrische Ladung der Sonne sich steigert bei jenen ungeheuren Stürmen, die die Flecke erzeugen. Nach diesem Fleckenausbruch, der wie eine alle elf Jahre wiederkehrende Krankheit die Sonne befällt, entspannen sich wieder die elektrischen Kräfte, und die von ihnen erzeugte eigentümliche Gruppierung der Koronastrahlen verliert sich. Daß auch die Korona in unmittelbarem Zusammenhange mit den Flecken steht, zeigte sich in ganz augenfälliger Weise während der totalen Finsternis vom 18. Mai 1901. Man sah damals von einer bestimmten Stelle des verfinsterten Sonnenrandes ein weit ausgedehntes Strahlenbüschel, an dessen Basis sich eine Protuberanz befand, und am folgenden Tage tauchte in dieser selben Gegend ein von Fackeln umgebener Sonnenfleck auf, der zur Zeit der Finsternis genau an der Stelle gestanden haben muß, wo man diese Strahlen ausbrechen sah. Wenn ich hier aber von Strahlen rede, so ist der Ausdruck nicht ganz bezeichnend, denn ihre Struktur ist nicht völlig gradlinig, man erkennt, daß es sich hier um Materie handelt, die nur ungefähr durch eine ausstrahlende Kraft so geordnet wird, etwa wie bei einer Explosion.

Die Korona ist also wirklich etwas Materielles. Man muß dies besonders betonen, weil sie bei andern Gelegenheiten sich als ganz wesenlos zu erweisen schien. Man hat nämlich Kometen beobachtet, die mitten durch die Korona mit ungeheurer Geschwindigkeit hindurchsausten, ohne, wie man bisher annahm, die mindeste Hemmung in ihrem Lauf zu erfahren. So durchraste zum Beispiel der große Komet von 1843 in weniger als drei Stunden einen Weg von mindestens 5 Millionen Kilometern innerhalb der Korona, mit einer maximalen Geschwindigkeit von 570 Kilometern in der Sekunde; er kam dabei der Sonnenoberfläche bis auf 3 Minuten nahe, das ist also nur der zehnte Teil des ganzen Sonnendurchmessers. Ähnliches geschah bei den Kometen von 1880 und 1882. Alle entwickelten dabei eine enorme Helligkeit, die mit der Sonne selbst wetteiferte: Sie waren am Tage dicht neben dem strahlenden Gestirne sichtbar, und der Komet von 1882 verschwand, als er vor die Sonne trat; er hatte also genau die gleiche Helligkeit wie sie. Nun wissen wir von den Sternschnuppen, die in die höchsten Schichten unserer Atmosphäre mit einer Geschwindigkeit von rund 50 Kilometern eindringen, daß sie darin völlig in ihrem Laufe durch den Widerstand der äußerst dünnen Luft aufgehalten werden und durch die dabei entwickelte Hitze in Dampf aufgehen. Aus der Bewegung der Kometen in der Korona aber glaubte man schließen zu können, daß sie dort überhaupt keinen Widerstand fänden. In neuester Zeit sind indes Zweifel darüber aufgekommen, ob die in jenen Fällen vorliegenden Beobachtungen zu diesem Schlusse berechtigen. Die ungemeine und ganz plötzliche Erhitzung dieser Weltkörper bei ihrem Eindringen in die oberste Sonnenhülle aber scheint doch ein augenfälliger Beweis für den Widerstand zu sein, der einen Teil der Bewegung in Wärme umsetzt; denn die bloße Bestrahlung durch die Sonne kann ein so schnelles Anwachsen der Helligkeit nicht erklären, das durchaus von der Art des plötzlichen Aufleuchtens der Sternschnuppen in unserer Atmosphäre ist. Der Komet von 1882 zeigte auch noch eine andere Erscheinung, die er mit den Meteoriten teilt: Er zersprang in mehrere Stücke beim Durchdringen der Korona. Außerdem entwickelten die Kometen hierbei Eisendämpfe; auch von ihren festeren Teilen geht also dann etwas in Dampfform auf. Wir müssen die Korona nach allen diesen Umständen als eine oberste Sonnenatmosphäre ansehen und können nun der Frage nähertreten, aus welcher Materie sie und überhaupt die ganze Sonne zusammengesetzt ist.

Wie hätte man ehemals auch nur ahnen können, daß man über einen Raum von 150 Millionen Kilometern hinweg im Fall der Sonne und in dem der Fixsterne bis in eine praktische Unendlichkeit hinein Weltkörper chemisch zerlegen und infolgedessen genau zu sagen imstande sein werde, welche Stoffe auf unserer Sonne und auf allen andern Sonnen, die den Weltraum rings bevölkern, glühen? Man weiß, daß dieses Wunder die *Spektral-Analyse* vermochte, das heißt, die Zerlegung des Lichtes in seine einzelnen Farben durch ein Prisma. Das Licht der Sonne ist eine wundervolle Symphonie, gewebt aus Tausenden von Farbentönen, und jeder chemische

Grundstoff ist wie ein besonderes Instrument in dem gewaltigen Orchester. Das Spektroskop ist nun imstande, alle diese gleichzeitig ertönenden Lichtakkorde in ihre einzelnen Töne zu zerlegen, so daß man die Instrumente, von denen diese Ätherwellen des Lichtes ausgingen, das heißt die Grundstoffe, in der leuchtenden Sonne, erkennt. Freilich verlangt die Spektralanalyse, daß die zu untersuchenden Stoffe sich im gasförmigen Zustande befinden und entweder selbst leuchten oder doch von einer andern Lichtquelle durchleuchtet werden, denn sonst tönen die Stoffe nicht stark genug. Aber diese Bedingungen sind ja alle auf der Sonne erfüllt, und wir können also an ihre chemische Analyse gehen. Auf die Prinzipien der Beobachtungsmethode selbst kann ich leider an dieser Stelle nicht näher eingehen. Es sei nur angeführt, daß das Spektroskop einen schmalen Streifen weißen Lichtes zu einem Bande, dem Spektrum, ausbreitet, das nun nebeneinander alle Farben enthält, die zusammengemischt dieses weiße Licht ergeben hatten. Sendet nun ein Stoff nur gewisse einzelne Farben aus, so erscheinen diese als einzelne farbige Linien, deshalb spricht man von den Spektrallinien dieses oder jenes Stoffes.

Richtet man nun dieses Wunderinstrument, das Spektroskop, auf die Sonne, so erkennt man in dem regenbogenfarbigen Bande des Spektrums viele Tausende von dunklen Linien, und indem man die Lage dieser Linien mit denen vergleicht, welche die verschiedenen Grundstoffe in unsern Laboratorien im Spektroskop als leuchtende Gase erzeugen, kann man nachweisen, welche von diesen Stoffen auf der Sonne vorhanden sind und welche nicht. Es hat sich dabei gezeigt, daß die Photosphäre zum größten Teil aus weißglühenden Metalldämpfen besteht, insbesondere aus Eisen, aus dem überhaupt im wesentlichen die Weltkörper geschmiedet zu sein scheinen. Auch unsere Erde muß in ihrem Innern sehr viel Eisen enthalten. Im übrigen kommen auf der Sonne fast alle Stoffe vor, die wir auch auf der Erde kennen, und es ist deshalb hier einfacher, nur die zu nennen, die auf unserem Zentralgestirn nicht vorhanden sind, oder doch nicht nachgewiesen werden können. Zu diesen gehören namentlich alle Nichtmetalle, außer Kohlenstoff, Wasserstoff und Silizium. Dies erklärt sich aber dadurch, daß diese Spektren stets gegen die der Metalle stark zurücktreten und wahrscheinlich nur deshalb im Sonnenspektrum nicht zu erkennen sind, während die zugehörigen Stoffe dort dennoch vorhanden sein können. Sehen wir von diesen ab, so fehlen nur noch einige auch auf der Erde sehr seltene Stoffe, die wir deshalb gleichfalls im Sonnenspektrum übersehen können, und endlich die schweren Metalle Quecksilber, Wismut, Gold, Platin, Uran. Da wir nur die Oberfläche der Sonnenatmosphäre sehen können, so dürfen wir wohl von diesen Stoffen annehmen, daß sie nur in den uns zugänglichen Schichten, nicht aber auf der Sonne überhaupt fehlen. Wir kommen also zu dem Schlusse, daß unser Zentralgestirn völlig aus demselben Material aufgebaut ist wie unser Erdkörper: dieser ist ein Teil von jenem.

Die Flecke haben kein von der übrigen Sonnenoberfläche verschiedenes Spektrum, nur verbreitern sich die Metallinien, was andeutet, daß hier die Metalldämpfe dichter auftreten. Auch die gewöhnlichen Fackeln zeichnen sich im Spektrum nicht besonders aus.

Dagegen besitzt nun die über der leuchtenden Hülle liegende Chromosphäre mit den in sie aufsteigenden Protuberanzen eine von jener sehr verschiedene Zusammensetzung. Die Chromosphäre besteht in der Hauptsache nur aus den beiden leichtesten Gasen: Wasserstoff und Helium; ihre rötliche Farbe verdankt sie dem Wasserstoff. Das *Helium* verriet sich schon lange, bevor es auf der Erde entdeckt wurde, durch seine sehr kräftige gelbe Linie, die sich im Lichte der Chromosphäre zeigte, aber mit keiner Linie eines damals bekannten irdischen Stoffes identifiziert werden konnte. Später erst fand man dieses Gas in einem seltenen Mineral, dem Cleveït, und neuerdings hat Ramsay gezeigt, wie das geheimnisvolle Radium langsam in Helium zerfällt. Jedenfalls aber kommen von diesem Gase nur ganz geringe Spuren auf der Erde vor, während es die obere Sonnenhülle in ungeheuren Mengen erfüllt, was auf den ersten Blick sehr seltsam erscheint, da wir ja gesehen haben, daß auch quantitativ sonst alle übrigen Stoffe in ähnlichen Verhältnissen auf der Sonne wie auf der Erde aufzutreten scheinen. Dies erklärt sich indes dadurch, daß die gewaltige Anziehungskraft der Sonne imstande ist, dieses leichte Gas mit dem im Atom noch viermal, als Gas zweimal leichteren Wasserstoff festzuhalten, so daß es sich nicht, verdrängt durch die schweren nach unten sinkenden andern Gase, in den Weltraum verflüchtigt, wohingegen die Schwerkraft der Erde dazu nicht mehr ausreicht. Das läßt sich nach physikalischen Gesetzen berechnen. Hat die Erde also früher einmal Helium besessen, so müßte es inzwischen längst ausgewandert sein. Die Spuren, die man dennoch gegenwärtig davon findet, haben sich wahrscheinlich inzwischen neugebildet, und zwar als Zersetzungsprodukte des im Erdinnern vermutlich nicht so seltenen Radiums. Das so entstandene, zur Erdoberfläche emporsteigende Helium aber verliert sich alsbald wieder durch die Atmosphäre hindurch in den Weltraum.

Die Chromosphäre wird von den Protuberanzen durchdrungen. Wir haben schon erfahren, daß es deren zweierlei Arten gibt, die metallischen und die Wasserstoff-Protuberanzen. Wir verstehen nun ohne weiteres diesen Unterschied. Die metallischen Auswürfe kommen aus der Photosphäre. Deshalb stehen sie auch in engeren Beziehungen zu den Flecken. Die Wasserstoff-Protuberanzen dagegen werden meist ihren Ursprung in der Chromosphäre selbst haben und stehen mit den Flecken in keinem Zusammenhang. Früher konnte man, wie ich schon erwähnte, diese

Flammen nur während einer totalen Finsternis sehen, da für gewöhnlich die Helligkeit des Sonnenrandes sie weit überstrahlt. Durch das Spektroskop aber sind sie uns jetzt dauernd sichtbar gemacht.

Leider ist dies mit der Korona noch nicht gelungen. Ihr Licht ist zu schwach; selbst bei total verfinsterter Sonne ist es schwer, ein Spektrum von ihr zu gewinnen. Es zeigt sich darin eine Linie, die mit keinem der bisher bekannten Stoffe übereinstimmt, und man ist deshalb nach Analogie mit dem Helium der Meinung, daß sich in den obersten Schichten der Sonnenumgebung ein noch unbekanntes Gas, *Koronium* genannt, befindet, das noch leichter wie Wasserstoff sein muß, und schon deshalb noch weniger auf unserer Erde angetroffen werden kann.

Das Koronium kann sich aber wohl nicht allein zu jenen eigentümlichen Strahlen ordnen, die ich vorhin beschrieb. Es scheinen auch kleine, feste Teilchen in der Korona zu schweben, die das Licht reflektieren. Man hat an Schwärme von Meteoriten gedacht, die im Begriffe sind, in die Sonne zu stürzen. Da diese meist aus Eisen bestehen, so könnten sie sich unter den elektrischen Wirkungen der Sonne zu solchen Strahlen ordnen.

Es scheint aber, daß auch hier das Radium eine Rolle spielt. Sein Atom, das schwerste von allen bekannten Stoffen, ist in beständigem Zerfall begriffen. Es schleudert eine »Emanation« aus, die zugleich leuchtet und Wärme abgibt und endlich auch negativ elektrisch geladen ist. Diese Emanation scheint aus allerkleinsten »Uratomen« zu bestehen, aus denen sich die chemischen Atome dann wieder zusammensetzen. So bildete sich wahrscheinlich das Helium aus dem Radium. Vielleicht ist das Koronium noch ein Zwischenprodukt bei dieser Wiederzusammensetzung. Befinden sich nun aber jene elektrisch geladenen Uratome, die »Elektronen«, in der Korona, so müssen sie sich zu jenen »Kraftlinien« ordnen, wie sie die äußerste Sonnenhülle wirklich aufweist.

Ein anderer, bisher geheimnisvoller Zusammenhang findet gleichfalls durch die oben entwickelte Annahme seine Aufklärung. Es zeigt sich nämlich eine ganz unzweifelhafte Übereinstimmung der Sonnentätigkeit mit dem wechselnden magnetischen Zustand der Erde. Die Magnetnadel weist bekanntlich nicht nach den eigentlichen geometrischen, sondern den davon um mehr als zehn Grad entfernt gelegenen magnetischen Polen. Diese haben aber auf der Erde keine unveränderliche Lage, sondern bewegen sich in gesetzmäßiger Weise langsam weiter, die magnetischen Elemente jedes Ortes ändern sich beständig. Außerdem nimmt man nun an der Magnetnadel, wenn man sie sehr genau beobachtet, plötzlich Schwankungen wahr, die sich innerhalb Tagen oder selbst Stunden abspielen. Sie beweisen, daß unser Planet zeitweilig von elektro-magnetischen Strömen, den sogen.

Erdströmen, durchflossen wird, wozu der Anlaß in der Erde selbst nicht vorhanden sein kann. Solche Erdströme drängen sich auch in unsere Telegraphenleitungen, die ja bekanntlich mit der Erde in direkter Verbindung stehen. Sind zwei ferne Orte miteinander durch den Draht verbunden, der auf beiden Stationen in die Erde mündet, so treten in diesem Draht oft selbständige elektrische Ströme auf, die viel stärker sind als die der Telegraphenbatterien und deshalb alle Verständigung zwischen jenen Orten unmöglich machen. Wir können die Erscheinung selbst vergleichend etwa so darstellen: Wir denken uns die Erde mit einem Meer von zunächst ausgeglichener, das heißt unwirksamer Elektrizität erfüllt und betrachten den Draht als eine lange Röhre, die an beiden Enden in dieses Meer eintaucht, wie eine Heberröhre im Wasser. Nun hebt sich an dem einen Orte dieses durch einen Sturm gepeitschte elektro-magnetische Meer, und dann drängt sich die Flüssigkeit durch die Röhre nach dem andern Orte des niedrigeren Niveaustandes hin. Wegen dieses Vergleiches nennt man diese Erscheinungen, welche die Telegraphenapparate und Magnetnadeln in nervöse Zuckungen versetzen, auch *magnetische Stürme.*

Was rührt sie auf? Was kann jenes im allgemeinen ganz ruhige elektrische Meer im Erdinnern in so mächtige Schwankungen versetzen? Wie ich schon vorhin sagte: Auf der Erde selbst ist diese Kraft nicht zu finden, wir müssen nach kosmischen Ursachen dafür suchen.

Polarlicht.

Gleichzeitig nun mit diesen magnetischen Stürmen leuchten die geheimnisvollen *Polarlichter* auf, die ihren Sitz in den höchsten Regionen unserer Atmosphäre haben, wo das Irdische direkt an den Kosmos grenzt. In unseren Breiten sehen wir diese herrlichste aller atmosphärischen Erscheinungen nur sehr selten und auch dann immer nur einen schwachen Abglanz davon. Sie drängen sich zu beiden Seiten des Erdballes um die magnetischen Pole. Man erlaube mir, eine Schilderung Nansens davon wiederzugeben.

»Jetzt breitet das Nordlicht über das Himmelsgewölbe seinen glitzernden Silberschleier aus, der sich nun in Gelb, nun in Grün, nun in Rot verwandelt; er breitet sich aus und zieht sich wieder zusammen in ruheloser Veränderung, um sich dann in wehende vielfarbige Bänder von blitzendem Silber zu teilen, über die wellenförmige glitzernde Strahlen dahinschießen; dann verschwindet die Pracht. Im nächsten Augenblicke erschimmert sie in Flammenzungen gerade im Zenit, dann wieder schießt ein heller Strahl vom Horizont gerade empor, bis das Ganze im Mondschein fortschmilzt. Es ist, als ob man den Seufzer eines verschwindenden Geistes vernähme. Hier und dort sind noch einige wehende Lichtstrahlen, unbestimmt wie eine Vorahnung – sie sind der Staub von dem glänzenden Gewande des Nordlichts. Aber jetzt nimmt es wieder zu, es schießen weitere Blitze empor, und das endlose Spiel beginnt aufs neue. Und während der ganzen Zeit diese Totenstille, eindrucksvoll wie eine Symphonie der Unendlichkeit.«

Soweit der große Polarforscher. Und wenn nun dort oben am Firmamente diese Wunderstrahlen zwischen den Sternen hinschießen, so zucken fast genau zu gleicher Zeit und überhaupt so, daß man den engsten Zusammenhang ohne weiteres erkennt, alle Magnetnadeln der Erde. Schießt zum Beispiel ein Strahl von Süden nach Norden über unsern Häuptern hin, so weicht kurz vorher die Nadel nach Westen ab, um sich nach Osten zu wenden, wenn der Strahl vorübergehuscht ist.

Nun ist aber noch ein anderer, ganz und gar wunderbarer Zusammenhang in dieser Reihe von Erscheinungen zu erkennen. Gleichzeitig wiederum mit diesen Polarlichtern und magnetischen Stürmen, die man gemeinsam als magnetische Gewitter, die Polarlichter also als ihre Blitze auffassen kann, zieht sehr häufig ein besonders großer Sonnenfleck gerade über die Mitte der leuchtenden Scheibe, so daß er seinen Trichterschlund unserer Erde zuwendet. Nicht immer zwar wirkt ein Sonnenfleck in dieser Lage in solcher Weise. Die Sonne zeigte oft sehr große Flecke, ohne daß sich die Magnetnadel merklich rührte und umgekehrt. Im Jahre 1903 trat zum Beispiel am 12. Oktober ein Fleck auf, der in den dreißig Jahren vorher nur von fünf oder sechs seinesgleichen an Größe übertroffen wurde; die Magnetnadel wurde damals, als der Fleck sich gerade uns zuwandte, zwar unruhig, aber lange nicht so sehr, wie etwa zwei Wochen später, als am 31. Oktober der größte magnetische Sturm auftrat, der in diesen selben dreißig Jahren beobachtet wurde. Die Magnetnadel schlug damals um mehr als 200

Bogenminuten aus. Auch zu dieser Zeit war uns ein Sonnenfleck zugekehrt, aber er gehörte nicht zu den größten. Wir müssen also annehmen, daß die Flecke selbst diese Fernwirkung auf die Erde nicht ausüben, sondern daß noch etwas hinzukommen muß.

Unsere bisher gesammelten Kenntnisse von der Sonne geben uns einen deutlichen Hinweis zur Lösung des Rätsels. Freilich müssen wir deswegen eine zunächst außerordentlich kühn erscheinende Annahme machen, nämlich die, daß die Sonnenflecke aus dem Innern der Sonne etwas bis zur Erde hinüberschleudern, über einen leeren Raum von fast 150 Millionen Kilometern hinweg. Jene Elektronen, in die sich das Radium auflöst, und die nach unserer Ansicht die eigentümliche Struktur der Koronastrahlen erzeugen, verlassen die Sonne durch jene Trichterschlünde, und zwar nicht ganz geradlinig, wie ja die Korona mit ihren oft stark gekrümmten Strahlen zeigt. Deshalb gelangen nicht immer aus uns gerade zugewandten Flecken solche Elektronen in einer der Größe des Fleckes entsprechenden Menge zu uns. Treffen nun ähnliche elektrisch geladene kleinste Teilchen auf sehr verdünnte Gase, so zeigen sich genau die Erscheinungen, wie wir sie am Polarlicht wahrnehmen, und dieses erscheint ausschließlich wieder nur in jenen höchsten Atmosphärenschichten, wo solche verdünnten Gase vorhanden sind. Kann man noch daran zweifeln, daß wir wirklich in solchen Augenblicken von der Sonne mit diesen elektrischen Projektilen bombardiert werden? Wo ganz besonders viele die Erde treffen, da wird das elektrische Meer in ihrem Innern zu jenen Stürmen aufgewühlt, und es entsteht jener Überdruck, der die Erdströme fließen läßt, und wenn dann die Telegraphenapparate über ganze Kontinente hinweg fortwährend klappern, so greift die Sonne ganz direkt über jene ungeheuren Räume hinweg auf die Taster, um uns durch eine kosmische Telegraphie ohne Draht mitzuteilen, daß ihren Körper wieder gewaltige Revolutionen durchwühlen, die auch unser Schicksal beeinflussen werden. Unsere Polarlichter sind Koronastrahlen, die von der Sonne bis zur Erde hinüberreichen und uns also direkt mit unserm Zentralgestirn verbinden. Die Korona aber kann man andererseits als das Polarlicht der Sonne bezeichnen, denn ihre Strahlen ordnen sich in ganz derselben Weise um die Pole der Sonne wie die »Korona« des Polarlichtes um unsere Pole. Nicht nur Licht und Wärme, sondern selbst wirkliche Materie, die ja jene Elektronen, zwar in feinster Verteilung, sind, sendet uns die Sonne zu. Man ist sogar der Meinung, daß die geringen Mengen freien Wasserstoffs, die sich in unserer Atmosphäre befinden und die unmöglich irdischen Ursprungs sein können, auf diesem selben Wege uns von der Sonne zugeschleudert werden.

Haben wir hier einen direkten Einfluß der Sonnenflecke auf irdische Zustände und Vorgänge feststellen können, so finden nun auch noch gewisse allgemeinere Beziehungen statt. Zunächst wird es nicht wundernehmen, daß auch die langsamen, jährlichen Schwankungen der Magnetnadel mit den Schwankungen der Fleckenhäufigkeit parallel gehen. Ich gebe hier die beiden zugehörigen Kurven wieder, wie sie Rudolf Wolf, der diesen Zusammenhang aufdeckte, seinerzeit für den Zeitraum von 1745–1875 aufgestellt hat. Die obere Linie gilt für die Sonnenflecke, die untere für die Abweichungen der Magnetnadel. Man sieht, die Übereinstimmung ist vollkommen.

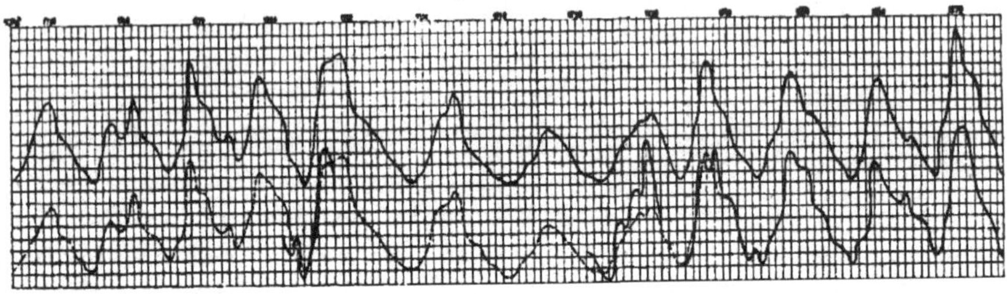

Rud. Wolfs Kurven der Sonnentätigkeit und der Abweichungen der Magnetnadel.

Begreiflicherweise hat man schon sehr bald nach der Entdeckung der Fleckenperiode nach deren *klimatischen Einflüssen* geforscht. Wenn die Sonne durch ihre Bedeckung mit Flecken weniger leuchtet, so sollte sie wohl auch weniger wärmen, und die Jahre der Fleckenmaxima müßten also kälter sein. In dieser Hinsicht ergab zunächst die direkte Beobachtung, daß von den Flecken wirklich wesentlich weniger Wärme ausstrahlt, als von der übrigen Sonnenoberfläche, nach Langley nur 54%. Da nun gelegentlich so große Gebiete von Sonnenflecken verdunkelt werden, daß sie mit dem bloßen Auge zu erkennen sind, so begreift man, daß ein merklicher Prozentsatz der gesamten Wärmestrahlung der Sonne dadurch verloren gehen kann. Direkte Messungen der etwa dadurch hervorgebrachten Temperaturschwankungen auf der Erde sind wegen der vielen lokalen Einflüsse auf die meteorologischen Verhältnisse schwierig anzustellen, aber sie scheinen doch zu bestätigen, daß die Gesamttemperatur der Erdatmosphäre wirklich vom Fleckenminimum zum Maximum um etwa einen Grad schwankt. Bedenkt man, daß ausgerechnet worden ist, es bedürfe keiner größeren Temperaturerniedrigung als 3–5 Grad, um jene Eiszeiten zu erklären, die die Grenze des ewigen Schnees in unseren Alpenregionen um mehr als tausend Meter herabdrückten und ganz Norddeutschland durch von Skandinavien sich herüberwälzende Gletscher unter einer mehrere hundert Meter dicken Eisdecke begruben, so wird man es begreiflich finden, daß die Fleckenperiode auf eine ganze Reihe meteorologischer Vorgänge, namentlich auf das Vorrücken der Gletscher, merklichen Einfluß gewinnen kann.

Es zeigen sich nun wirklich solche Schwankungen der Gletscher, die aber nicht eine Periode von etwas mehr als elf Jahren, sondern eine dreimal längere von rund 35 Jahren haben. Dies gerade ist eine sehr schöne Bestätigung des gesuchten Zusammenhanges, weil man eigentlich erst nachträglich fand, daß auch in der Sonnentätigkeit dieselbe dreifach längere Periode hervortritt, daß also immer jede dritte Fleckenperiode ganz besonders zahlreiche und große Flecke hervorbringt. So sehen wir also die Eisströme in den einsamen Alpentälern zurückgedrängt und wieder vorgeschoben in demselben Rhythmus, wie dort auf der Sonne die fleckenerzeugenden Sturmperioden kommen und gehen. Kann es eine eindrucksvollere Tatsache geben, um die bis in das Tiefste wurzelnde Abhängigkeit des Erdenlebens von dem mütterlichen Zentralgestirn zu illustrieren?

Die Gletscherschwankungen beweisen schon an sich, daß mit ihnen gleichzeitig die Niederschlagsmengen veränderlich sein müssen, denn von diesen hängt ja der Vorstoß der Gletscher unmittelbar ab. Nun hat in der Tat *Brückner* auch direkt in diesen Niederschlagsmengen die Periode von 35 Jahren wiedererkannt. Namentlich zeigt sich dies darin, daß die großen Binnenseen, die die Sammelbecken der Niederschläge über Länderstrecken von kontinentaler Ausdehnung sind, wie zum Beispiel der Kaspisee, innerhalb dieser Periode die Höhe ihres Wasserstandes regelmäßig verändern.

Nachdem wir nun gesehen haben, daß sich drei der gewöhnlichen Perioden von etwas mehr als 11 Jahren jedesmal zu einem größere Maximum vereinigen, kann man sich fragen, ob es nicht noch längere Perioden von Hunderten oder gar Tausenden von Jahren mit noch größeren Schwankungen der Sonnenstrahlen gibt, die dann vielleicht verantwortlich gemacht werden könnten für die gewaltigen Klimaschwankungen der Eiszeiten, die ihre Spuren rings um die Erde herum zurückgelassen haben, wie die neuere Forschung zweifellos erwies. Es traten mindestens vier große Eiszeiten ein, zwischen denen immer wieder wärmere Perioden lagen, aber es scheint sogar, daß innerhalb jeder dieser Kälteperioden, die möglicherweise etwa hunderttausend Jahre anhielt, wieder kleinere Schwankungen stattfanden, vielleicht von einigen zwanzigtausend Jahren. Kann man also dieses geheimnisvolle Eiszeitphänomen durch eine entsprechend schwankende Sonnentätigkeit erklären? In neuerer Zeit, seit man die Spuren der Eiszeiten selbst in den Gebirgen der Tropen fand, neigt man dieser Ansicht immer mehr zu. Wir haben ja schon vorhin gesehen, daß es nur einer Temperaturerniedrigung von etwa 3 bis höchstens 5 Grad bedürfte, um ein andauerndes Vorrücken der Gletscher zu veranlassen, die dann die Tiefebenen wie zur Eiszeit ausfüllen müßten. Da sich nun gegenwärtig bei einem gewöhnlichen Fleckenmaximum die Temperatur der Atmosphäre um etwa einen Grad zu erniedrigen scheint, so brauchten also nur drei- bis fünfmal mehr Sonnenflecke zu erscheinen, um uns eine neue Eiszeit zu bringen.

Hier ist nun eine auch erst in jüngster Zeit bekannt gewordene Beobachtungstatsache von größter Wichtigkeit. Langley, jener schon mehrfach erwähnte amerikanische Sonnenforscher, hat durch langjährige, außerordentlich sorgfältige Untersuchungen festgestellt, daß die Sonnenkonstante, jene Zahl, welche die Gesamtwärmestrahlung der Sonne ausdrückt, auch unabhängig vom Fleckenphänomen beträchtlichen Schwankungen von langer Dauer unterworfen ist und namentlich letzthin so beträchtlich abgenommen hat, daß man daraus auf eine Abnahme der uns zustrahlenden Gesamtwärme von 7 Grad schließen müßte. Hielte diese an, so hätten wir das Hereinbrechen einer neuen Eiszeit zu gewärtigen. Aber die Beobachtungen hierüber müssen noch vervollständigt werden.

Da wir nun gesehen haben, wie tief in unsere Schicksale die Vorgänge auf der Sonne eingreifen, so interessiert uns um so mehr die Frage nach deren inneren Ursachen. Wie entstehen die Sonnenflecke und die anderen Erscheinungen auf der Sonnenoberfläche, und warum wechselt die Sonnentätigkeit in diesen doch nur ungefähr innegehaltenen kleineren und größeren Perioden?

Die Entstehung eines Fleckes kann man vergleichsweise auf dieselben meteorologischen Vorgänge zurückführen, die bei uns die Wirbelstürme erzeugen. Obgleich die Sonnenluft aus metallischen Gasen von etwa 8000 Grad Hitze besteht, so kann es doch auch dort Gebiete geben, die sich aus irgend einem Grunde besonders abgekühlt haben, so daß aus andern Gebieten die Luft ausgleichend herbeiströmt, wodurch dann in Verbindung mit der Sonnenrotation Wirbel leicht entstehen. Hier kann auch die metallische Luft, ganz ebenso wie bei uns die wasserhaltige, sich zur tropfbaren Form verdichten, es kann aus den Sonnenwolken etwa flüssiges Eisen niederregnen. Auch in der Sonne müssen die tieferen Schichten heißer sein als die dem kalten Weltraum näher liegenden. Deshalb werden die in diese tieferen Schichten niederfallenden metallischen Regentropfen sich dort wieder in Dämpfe auflösen.

In den Regenwolken, aus denen es noch nicht herabregnet, geschieht bei uns dasselbe; sie verdunsten bereits wieder in der wärmeren unteren Luft, ehe sie die Erdoberfläche erreichen können. In einer gewissen Tiefe aber scheinen sich auf der Sonne die Kondensationsprodukte doch schon so weit angesammelt zu haben, daß sie eine vielleicht noch sehr dünne, feuerflüssige Schale bilden, die wieder, wegen der zu großen Hitze in den noch tieferen Schichten, über dem sonst gasförmigen Sonneninnern schwebt, als eine immerwährend sich bildende und zugleich wieder unten auflösende Haut. Die Sonne wäre dann durchaus mit einer Seifenblase zu vergleichen. Nun wissen wir weiter, daß die Sonne aus sich selbst, durch ihre Verdichtung, fortwährend in ihrem Innern neue Wärme erzeugen muß. Da wird dann ein Zeitpunkt eintreten, in dem die innere Wärme die flüssige Haut nicht mehr dulden kann, so daß sie zerreißt: ein Sonnenfleck entsteht in der Atmosphäre über dieser Stelle, und aus ihm werden die Massen des innern Sonnenballes hoch empor geworfen, wir sehen die Protuberanzen aufsteigen. Die Fackeln dagegen, meist früher auftretend als die Flecke, sind Stellen, unter denen jene für uns unsichtbare Sonnenhaut besonders heiß ist und deshalb aufzuplatzen droht. Heiße Luftströmungen steigen von ihr empor und wölben die hier besonders weißglühende Photosphäre auf. Wird die heiße aufsteigende Strömung stark genug, so durchbricht sie die Photosphäre, und ein Fleck entsteht. In diesen ergießen sich die umgebenden weniger heißen Photosphärengase, wobei dann durch Regenbildung in dem geschilderten Sinne eine Abkühlung entstehen muß.

Zwischen der beständig neue Wärme erzeugenden Verdichtungsarbeit im Innern der Sonne und der von außen eindringenden Kälte des Weltraums, die immer wieder Kondensationen, also die angenommene flüssige Haut, hervorbringt, entsteht nun ein Widerspiel, das in mancher Hinsicht mit den intermittierenden Geisererscheinungen zu vergleichen ist. Eine ganze Weile kann der Druck in diesen Geisern das Wasser überhitzt erhalten, ohne daß es siedet; weil aber von unten immer neue Wärme zuströmt, muß doch endlich der Siedeprozeß, und zwar zuerst unten, beginnen, und der entwickelte Wasserdampf schleudert nun alles darüber befindliche Wasser mit hinaus. Das Spiel wiederholt sich bekanntlich bei den meisten dieser Geiser in ziemlich regelmäßigen Zwischenräumen. Ich meine nun, man könnte die Sonnenflecke mit ihren Protuberanzen als Geiser von kosmischen Dimensionen betrachten, deren Hauptausbrüche sich alle elf Jahre wiederholen, weil immer innerhalb dieses Zeitraumes die im Innern erzeugte Sonnenwärme sich so weit gesteigert hat, daß die sich unter der flüssigen Decke neu bildenden Gase sich gewaltsam befreien müssen. Ist dann der Ausgleich eingetreten, so kann wieder eine Zeitlang die Verdichtungsarbeit ziemlich ungestört fortschreiten und die zerrissene Haut des glühenden Balles neubilden, bis schließlich wieder die eingeschlossenen Gase durchbrechen, und so weiter.

Alle diese urgewaltigen Revolutionen im glühenden Mutterherzen der Sonne ziehen ihre Kinder, die Planeten, in Mitleidenschaft. Jene besondere Unruhe der Sonnenatmosphäre, die wir in den Fleckenbildungen wahrnahmen, teilt sich auch der irdischen Atmosphäre mit, und würde ein Beobachter außerhalb der Erde einen unserer Wirbelstürme betrachten, er müßte ihn in allen Teilen einem Sonnenfleck sehr ähnlich finden. Es ist außerordentlich bedeutsam, zu sehen, wie das Naturgeschehen in den verschiedensten Stufen des Weltbaues sich oft so ganz wunderbar gleicht.

Überall arbeiten dieselben Kräfte mit derselben Materie, nur die Größenverhältnisse ändern sich.

Angesichts dieser völligen Abhängigkeit unseres Daseins von der Sonne müssen wir nun die Frage wiederholen, die wir schon am Anfang unserer Betrachtungen aufwarfen, ob wohl diese Quelle des Lebens völlig unerschöpflich sei, oder ob mit ihrem Versiegen einstmals der Untergang alles Irdischen bevorstehe? Ich habe schon in einem andern Bändchen dieser Sammlung, das die verschiedenen Möglichkeiten eines Weltunterganges behandelt, diese Frage von der Lebensdauer der Sonnenkraft erörtert, weshalb ich mich hier kurz fassen will.

Nichts ist in der Welt unerschöpflich und ewig. Auch die Sonne muß einmal erlöschen. Die Erscheinungen der Sonnenflecke sind der erste Anfang zu dieser absteigenden Entwicklung. Aber wir sehen auch, wie eine Gegenwirkung vorhanden ist, die immer wieder dem Überhandnehmen der Flecke Einhalt gebietet. Es steckt noch eine ganz ungeheure Menge von Lebenskraft im Körper der Sonne, und ihr Wärmevorrat vermehrt sich noch immer durch ihre Verdichtungsarbeit. Man ist im Zweifel darüber, ob diese Wärmeerzeugung nicht vielleicht noch bedeutender ist als der Wärmeverlust durch die Ausstrahlung in den Weltraum. Es ist durchaus nicht ausgeschlossen, daß die Sonne gegenwärtig noch beständig wärmer wird. Aber immerwährend kann das doch nicht anhalten. Die Wärmeerzeugung im Innern der Sonne ist abhängig von dem Grade, bis zu dem sie ihre Materie noch zusammenzuziehen vermag. Nachdem sie eine gewisse Dichtigkeit erreicht hat, kann sie sich nur noch abkühlen, und dieser Abkühlung ist ihrerseits keine Schranke gesetzt. Man hat ausgerechnet, daß die Sonne durch ihre Ausstrahlung jährlich um 3 Grad kälter werden müßte. Wären also jene Wärmeeinnahmen nicht vorhanden, so müßte unser Zentralgestirn schon nach etwa 3000 Jahren seinen ganzen Wärmevorrat ausgegeben haben, oder umgekehrt müßte es vor 3000 Jahren etwa auf die Helden von Troja noch einmal so heiß herabgeschienen haben wie heute. Es findet also ein Ausgleich statt, die Sonne ist eine gute Haushälterin, sie sorgt dafür, daß Einnahmen und Ausgaben sich, soviel wir erkennen, genau die Wage halten. Die Fleckenperiode ist offenbar eine Folge solcher pulsierenden Ausgleichsbewegungen.

Aber schließlich muß doch die Zahl und Größe der Flecke mehr und mehr zunehmen; immer größere Gebiete der Sonnenoberfläche werden zeitweilig verdunkelt werden, und das alternde Gestirn wird dann außer der elfjährigen Periode seiner Lichtschwankungen noch eine viel kürzere zeigen, wenigstens für einen bestimmten Standpunkt im Weltall, je nachdem es in seiner Umdrehung um sich selbst die mit Flecken besetzte oder die reinere Seite einer bestimmten Richtung zukehrt. Die Sonne wird ein veränderlicher Stern geworden sein. Über der flüssigen Haut unter ihrer Atmosphäre wird eine festere entstehen, und schließlich wird die Sonne ein dunkler Stern werden.

Wann wird sich wohl das Schicksal der Sonne vollendet haben? Es sind Rechnungen darüber angestellt, aber sie konnten immer nur auf recht unsicheren Grundlagen aufgebaut werden. Ein amerikanischer Theoretiker, *See*, gab der Sonne nur eine Gesamtlebensdauer von 36 Millionen Jahren, wovon ihr von heute ab aber nur noch 4 Millionen Jahre übrig bleiben sollten. Das ist nach astronomischem Maße eine sehr geringe Zeit, und auch die Forscher, welche die Geschichte der Erde aus ihren steinernen Annalen in den Gebirgsschichten zu ergründen suchen, die Geologen, glauben durchaus nicht mit so wenigen Millionen Jahren auskommen zu können, um die Aufeinanderfolge der Vorzeitalter und die Entwicklung des Lebendigen, wie auch die Ausgestaltung der Erdrinde, zu erklären. Für die Eiszeiten allein beansprucht man bis zurück an die Grenzen der Tertiärzeit eine halbe Million Jahre. Der große englische Physiker *Sir William Thomson* kommt schon zu etwas größeren Zahlen. Er findet, daß die Sonne nach geringem Maße bereits etwa seit hundert, nach höchstem aber seit fünfhundert Millionen Jahren die Erde beschienen habe, und man kann demnach die noch übrig bleibende Lebensdauer gegen jene doch geradezu beängstigend kurze Zeit von Millionen Jahre verdrei- oder verfünffachen. So dürfen wir uns wohl einstweilen noch ruhig schlafen legen in der Gewißheit, daß uns auch morgen noch wie bisher die holde Sonne leuchten wird.

Haben wir uns im Vorangegangenen ein Bild von den gewaltigen Wirkungen gemacht, die die Sonne hier bei uns auf der Erde allein ausübt, und erfahren, daß doch nur etwa der zweitausendmillionste Teil *der* Gesamtkraft der Sonne uns zukommt, die sie sonst in das Weltgebäude hinausstrahlt, so mag uns wohl dieses Gestirn als das mächtigste von allen erschienen sein, als das Herz des Universums, wie es *Kepler* genannt hatte, gegen das alle andern Gestirne des Himmels nicht nur scheinbar, sondern auch in Wirklichkeit verschwinden müßten. Aber wenn das Tagesgestirn zur Neige geht und es tiefer und tiefer dämmert, dann sehen wir, wie aus dem Himmelsäther ein Sternchen nach dem andern hervorbricht, das heller und heller wird, bis vom nächtlichen Firmamente Tausende und aber Tausende von Sternen uns aus der Unendlichkeit entgegenstrahlen. Und jeder ist eine Sonne in seinem Gebiete, ist das Herz seines Weltorganismus. Unsere Sonne aber ist nur ein Individuum unter Millionen. Sie nimmt keinen höheren Wert ein im Universum, als irgendein Einzelwesen in unserer Welt des Lebendigen. Freilich, wenn dieses Einzelwesen uns ein lieber Mensch ist, der uns nahesteht, so können die übrigen für uns um seinetwillen verschwinden, und so dürfen wir wohl die Sonne lieben vor den Sternen als unsere allsorgende Mutter im Weltgebäude.

Aber wir sollen uns doch auch um die übrige Sternenwelt kümmern. Es soll uns interessieren, ihr Wesen, ihr gemeinsames Getriebe, ihre Organisation kennenzulernen.

Zu allen Zeiten hat der gestirnte Himmel tiefe Andacht in die Gemüter der Menschen gegossen. Man suchte die Ewigkeit hier oben hinter den unveränderlichen Lichtern, die allabendlich aufsteigen in stillem, unwandelbarem Zuge, zusammengefügt zu geheimnisvollen Bildern, zu einer himmlischen Strahlenschrift, noch hieroglyphisch für uns, aber wir fühlen, daß sie uns verkünden, wie es etwas Unvergängliches gibt über all diesen irdischen Wirren und Irrungen.

Fand man das Rätsel der Sterne nicht, so legte man ihnen eigene Gedanken unter und ordnete die Lichter zu Sternbildern. Das herrlichste Sternbild unseres Himmels ist wohl der *Orion*, dem sagenhaften kühnen Jäger gewidmet, den Zeus selbst an den Himmel versetzte (s. Abb. auf S. 49). Es besteht hauptsächlich aus sieben hellen Sternen, von denen die drei Sterne in der Mitte seinen Gürtel bedeuten; oben die beiden Sterne sind die Schultern, unten die Füße. Der helle Stern rechts unten heißt Rigel, der oben links Beteigeuze; er hat einen etwas rötlichen Schein. Dem Jäger folgen seine Hunde. Den großen Hundstern, *Sirius*, den hellsten Stern an unserem Himmel, findet man, wenn man die drei Gürtelsterne, die man auch als Jakobsstab bezeichnet, durch eine Linie verbindet und nach links verlängert. Tut man das gleiche mit den beiden Schultersternen, so gelangt man ungefähr zu Prokyon, dem hellsten Stern im kleinen Hund.

Der *Himmelswagen* umfährt den Pol, ohne für uns jemals unterzugehen. Wohl das bekannteste und auch deutlichste von allen Sternbildern. (Vgl. den Sternenhimmel auf dem Umschlagbild.) Freilich, um in ihm einen Bären zu erkennen – es heißt bekanntlich auch der große Bär –, muß man schon eine lebhaftere Phantasie besitzen. Die drei Deichselsterne sind in diesem Falle der Schwanz. Verlängert man die Richtung der beiden letzten Wagensterne, die Deichselsterne auf sich gerichtet gedacht, nach links, so kommt man zum Polarstern, der wieder der letzte Deichselstern des kleinen Wagens ist. Dieser Stern steht wenig mehr als einen Grad vom Himmelspol entfernt und scheint deshalb für das bloße Auge überhaupt unbeweglich immer an derselben Stelle des umschwingenden Himmelsgewölbes stehen zu bleiben. Er war einst der Leitstern der Seefahrer, der ihnen allein die feste Richtung auf der weiten Wasserwüste geben konnte, um sich nicht rettungslos in ihr zu verlieren.

Noch zu vielen andern Sternbildern hat die Phantasie die Sterne gruppiert und sie in ähnlicher Weise, wie hier angedeutet, durch »Alignement« miteinander zur leichteren Orientierung verbunden.

Sind alle diese *Konstellationen* nur ein Spiel des Zufalls und die Sterne völlig regellos über das Himmelsgewölbe ausgestreut? Gehören die Sterne, die der im menschlichen Geiste tief begründete Drang zusammentut, der das Einzelne mit einem gemeinsamen Bande zu verknüpfen trachtet, der Gesetz und Regel überall sucht, auch wirklich zusammen, sind sie physisch und nicht nur für unsern Standpunkt optisch miteinander verbunden?

Um diese Frage zu entscheiden, müssen wir zunächst etwas über ihre wirkliche, räumliche Verteilung wissen, wir müssen entscheiden können, ob zum Beispiel von den Sternen des Himmelswagens einige uns verhältnismäßig nahe, andere wieder ganz weit entfernt stehen, so daß sie miteinander nicht mehr zu tun hätten, wie etwa ein Haus ganz in unserer Nähe und eine ferne Turmspitze, die zufällig darüber hinwegragt. Wir müssen notwendig etwas über die *Entfernungen der Fixsterne* erfahren.

Das Sternbild des Orion über einer Winterlandschaft.

Da stellt es sich aber leider heraus, daß alle unsere feinsten Meßmethoden versagen, gegenüber den an die praktische Unendlichkeit ragenden Abständen dieser Weltkörper. Wenigstens ist die Möglichkeit einer ganz ungefähren Ausmessung von Fixsternentfernungen die Ausnahme. Ich habe schon S. 7 u. ff. erklärt, wie man die Entfernungen unerreichbarer Objekte durch die perspektivische Verschiebung bestimmt, die sie erleiden, wenn man sie von verschiedenen Standpunkten betrachtet. Es zeigt sich aber, daß der Durchmesser der Erde, der uns zur Ausmessung der Sonnenentfernung diente, längst nicht mehr hinreicht, um auch nur die allergeringste Verschiebung eines Sternes am Himmelsgewölbe hervorzubringen. Man mußte eine weit, weit größere Basis anwenden und fand sie in der Erdbahn.

Jedesmal nach einem halben Jahre steht ja die Erde infolge ihres Umlaufs um die Sonne an 300 Millionen Kilometer von ihrem vorigen Orte im Weltall entfernt und kehrt nach einem weiteren halben Jahre wieder zurück. Bei einer so großen Lageveränderung der Gesichtslinie zu den Sternen hin sollte man doch annehmen, daß sie im Laufe eines Jahres regelmäßige periodische perspektivische Bewegungen zeigen müßten, die die kreisende Bewegung der Erde widerspiegeln. Aber immer mehr wuchs das Staunen über die ungeheuren Dimensionen des Weltgebäudes, als man auch solche *»jährliche Parallaxe«* nur bei einigen Sternen entdeckte, da sie trotz der ungeheuren Basis immer noch von äußerster Kleinheit blieb und niemals eine Bogensekunde erreichte. Die größte Parallaxe zeigte bisher der hellste Stern im südlichen Bilde des Zentauren, das bei uns nicht sichtbar ist. Von diesem also, soviel wir wissen, uns am nächsten stehenden Fixsterne erscheint der Weg von uns bis zur Sonne, rund 150 Millionen Kilometer, nur unter einem Winkel von 0,72 Bogensekunden. Ein Markstück erschiene ebenso groß, wenn man es aus einer Entfernung von acht Kilometern ansehen könnte. Es folgt daraus, daß jene uns nächste Sonne rund 300 000mal weiter von uns absteht als die unsrige, das macht in Zahlen, für die wir zwar keine Begriffe haben, 43 Billionen Kilometer. Das Licht, das bekanntlich 300 000 Kilometer in einer Sekunde zurücklegt, braucht 4½ Jahre, um von jenem Stern zu uns zu gelangen. Wir sehen, daß wir bei der Ausmessung der Fixsternwelt uns nach einer größeren Maßeinheit umsehen müssen, damit wir es nicht mit allzu ungeheuren Zahlen zu tun haben. Man wählte dafür das *Lichtjahr*, das heißt also die Strecke, die das Licht in einem Jahre durchläuft.

Die uns zweitnächste Sonne ist ein kleiner, mit dem bloßen Auge nicht mehr sichtbarer Stern, den man nach einem betreffenden Sternverzeichnis mit 21 185 Lalande bezeichnet. Seine Parallaxe ist 0.48´´, danach ist er 6.8 Lichtjahre von uns entfernt. Nach ihm folgt der berühmte Doppelstern 61 im Schwan, den man ohne Fernrohr noch schwach erkennt. Die Parallaxe ist 0.44´´, die Entfernung 7.4 Lichtjahre. Dann erst kommt Sirius, der hellste Stern: Parallaxe 0.37´´, Entfernung 8.8 Lichtjahre. Von den hellen Sternen am Himmel stehen uns nur noch Prokyon mit 11.6, Capella im Fuhrmann mit 15.5, Atair im Adler mit 16.3, Aldebaran im Stier mit 21.7 und Wega in der Leier mit 21.7 Lichtjahren nahe. Hierzu mag noch der nicht mehr zu den hellsten Sternen zählende Polarstern treten, der 46 Lichtjahre von uns entfernt ist.

Nur etwa zwei Dutzend hat man unter den bisher untersuchten Sternen herausgefunden, die merkliche Parallaxen haben, alle andern erwiesen sich für unsere Meßinstrumente unendlich weit entfernt oder zeigten doch nur so kleine Parallaxen, daß sie wegen der unvermeidlichen Beobachtungsfehler nur als ganz unsichere Bestimmungen gelten können. Freilich konnten nur verhältnismäßig wenig Sterne überhaupt auf etwaige Parallaxen hin untersucht werden, weil dies eine sehr langwierige Arbeit ist, die sich, wie man aus dem Vorangegangenen wohl ersieht, über mindestens ein Jahr erstrecken muß. Begreiflicherweise wählt man zunächst die helleren Sterne für solche Untersuchung aus, weil man vermuten darf, daß diese auch die nähern sind. Im besondern trifft diese Vermutung indes durchaus nicht immer zu: Es gibt sehr helle Sterne, die keine Parallaxe zeigen, zum Beispiel Rigel, dann Spika in der Jungfrau, Regulus im Löwen. Andererseits hat man ganz unscheinbare Sterne entdeckt, die man längst mit dem bloßen Auge nicht mehr sehen kann und die uns doch verhältnismäßig nahe stehen. Es sind vielleicht 16 bis 18. Das ist natürlich nur eine sehr geringe Zahl unter den übrigen kleinen Sternen, die bisher keine Parallaxe verraten haben. Aus diesen Ergebnissen allein kann man also schon entnehmen, daß die helleren Sterne zwar im großen und ganzen wohl auch die näheren sind, im besonderen aber auch starke Abweichungen von dieser Regel vorkommen. Wir werden auch aus anderen Gesichtspunkten eine Bestätigung hierfür in der Folge finden.

Hier sollte zunächst nur einmal ein Bild von der unermeßlichen Größe der Welt gegeben werden, in die wir uns nun weiter vertiefen wollen.

Man wird es angesichts dieser ungeheuern Entfernungen begreifen, daß selbst in den stärksten Fernrohren alle Fixsterne ohne Ausnahme völlig durchmesserlos nur als leuchtende Punkte erscheinen. Sie könnten ja Sonnen sein, zehn- und mehrmal größer als die unsrige, und müßten doch selbst unter den stärksten Vergrößerungen zu Punkten zusammenschrumpfen: Ja, je besser ein Fernrohr ist, desto kleiner erscheinen darin die Sterne. Denn die kleinen Scheiben, als die man sie wirklich im Fernrohr sieht, sind nur eine Folge einer gewissen ungehörigen Lichtbrechung, der Diffraktion, die um so mehr verschwindet, je größer und je genauer geschliffen die Objektivgläser sind. Allerdings erscheinen uns trotz ihrer faktischen Durchmesserlosigkeit die Sterne doch um so heller, je größer die verwendeten Gläser sind. Ein Fernrohr ist ja wie ein Trichter, der alles oben durch die Objektivöffnung eindringende Licht so weit zusammendrängt, daß es unten durch das Okular hindurch in unsere Augenöffnung, die Pupille, gelangen kann.

Wenn man deshalb von der Größe der Sterne redet, so meint man damit nur ihre verschiedene Helligkeit. Hiernach teilt man also die Sterne in Größenklassen ein. Die Abgrenzung dieser Klassen ist zunächst willkürlich. Man rechnet gewöhnlich die 20 hellsten Sterne zur ersten Größenklasse. Genauer wird angenommen, daß ein Stern 2½mal heller ist, wenn er eine Größenklasse vor dem andern steht. Danach ist α Crucis genau 1. Größe; Wega ist 2,3mal und Sirius fast 11mal heller als ein normaler Stern 1. Größe.

Größenklassen und entsprechende Helligkeitswerte der 20 hellsten Sterne:

	Gr.	H.
Sirius	-1,6	11,0
Canopus	-0,9	5,8
α Zentauri	0,1	2,3
Wega	0,1	2,3
Capella	0,2	2,1
Arkturus	0,2	2,1
Rigel	0,3	1,9
Prokyon	0,5	1,6
Cuhernar	0,6	1,4
Beteigeuze (veränd.)	0,9	1,1
β Zentauri	0,9	1,1
Atair	0,9	1,1
α Crucis	1,0	1,0
Aldebaran	1,1	0,9
Spika	1,2	0,8
Pollux	1,2	0,8
Antares	1,2	0,8
Fomalhaut	1,3	0,8
Deneb	1,3	0,8
Regulus	1,3	0,7

Der zweiten Größe gehören etwa 50 Sterne am ganzen Himmel beider Hemisphären an. Dann folgt die dritte Größe mit bereits 200, die vierte mit

600, die fünfte mit etwa 1200 und die sechste mit 3600 Sternen. Damit sind wir an der Grenze der Sterne angekommen, die ein gutes Auge unter günstigen Bedingungen noch unbewaffnet sehen kann. Es sind dies also gar nicht so sehr viele. Gleichzeitig wird man am Himmel wohl kaum jemals mehr als zweitausend Sterne zählen können. Diese Zahl erscheint überraschend klein. Die unzählbare Menge von Sternen ist ja sprichwörtlich.

Wie unzulänglich aber unser bloßes Auge ist und wie unendlich das Fernrohr unsern Blick geweitet hat hinaus in eine unermeßlich große Welt von Welten, das erkennen wir, wenn wir nun weiter die Sternenfülle überblicken, die die machtvoll alle Himmelsräume durchdringenden Sehwerkzeuge unserer Zeit dem Auge erschließen. Schon in verhältnismäßig kleinen Fernrohren könnte man eine halbe Million Sterne zählen, wieviel aber in unsern mächtigsten Teleskopen unsern Blicken noch zugänglich werden, darüber werden selbst die Schätzungen ganz unsicher. Viele meinen, es würden etwa 50 Millionen sein, andere wollen sich mit der doppelten Zahl noch nicht begnügen. Fünfzig Millionen Sonnenwelten wie die unsrige! Welche über alle Maße gewaltige Fülle von Kraft und Arbeit, von aufstrebendem Kampf und Glückseligkeit können diese Sonnen hervorbringen, wenn sie vom Schlage der unsrigen sind! Das zu ergründen, soll unser Ziel sein.

Eine außerordentlich langwierige Arbeit war es begreiflicherweise, diese Sternenfülle zu mappieren, um über etwaige Veränderungen, über das Verschwinden oder das Neuauftreten und über Ortsveränderungen der Sterne etwas erfahren zu können. Solange man noch keine Fernrohre besaß, ging dies noch an. So konnte schon im zweiten Jahrhundert vor Christus der alexandrinische Astronom *Hipparch* einen Katalog von 1080 Sternen entwerfen, der also so ziemlich alle für ihn sichtbaren Sterne enthielt, wenn man von den schwächsten absieht. Ein solcher Katalog muß natürlich auch die Positionen der Objekte angeben. Die bloße Anordnung nach den Sternbildern genügte bald nicht mehr. Man teilte deshalb schon früh die Himmelskugel durch Kreise ab, wie man es mit dem Erdglobus tut, und ebenso wie durch die geographische Länge und Breite ein beliebiger Punkt auf der Erde festgelegt ist, geschieht dies am Himmel durch die beiden Koordinaten der Rektaszension und Deklination. Die Fundamentalebene beider Systeme ist die des Äquators, der sich durch den Erdumschwung in der täglichen Bewegung der Gestirne abspiegelt. Der Nullpunkt, von dem die Rektaszensionen gezählt werden, ist der Punkt des Äquators, den die Sonne zu Frühlingsanfang passiert: Der Frühlingspunkt, oder kurz das Äquinoktium genannt.

Nach der Erfindung des Fernrohrs, das zugleich auch als Meßinstrument für die Bestimmung der Lage der Sterne dient, wuchs natürlich der Umfang dieser Sternkataloge gewaltig, und die ganze sichtbare Sternenfülle war auf diese Weise überhaupt nicht mehr zu bewältigen. Der bedeutendste dieser Kataloge ist der von *Argelander*, der fast sein ganzes langes Leben dieser Riesenaufgabe widmete. Er bestimmte die genauen Örter von 33 811 Sternen und genäherte Örter von 324 188 Sternen. Diese sogenannte »*Bonner Durchmusterung* des Himmels« enthält vom Nordpol bis 2 Grad südlicher Deklination fast alle Sterne bis zur 9. Größe. Die Arbeit ist später auf der südlichen Halbkugel fortgesetzt. Das Argelandersche Riesenwerk erschien um die Mitte des vorigen Jahrhunderts. In den letzten Jahrzehnten hat eine internationale Vereinigung von Astronomen als »Katalog der Astronomischen Gesellschaft« ein ähnliches, noch umfassenderes Werk unternommen, das seiner Vollendung entgegengeht. Auf Grund dieser Kataloge sind dann auch Sternkarten hergestellt, von denen wieder die Bonner die weitaus vollständigsten sind.

Aber es wäre natürlich ein ganz unerfüllbares Verlangen gewesen, alle die vielleicht hundert und mehr Millionen Sterne auf die erwähnte Weise genau zu mappieren, wenn hier nicht die Photographie zu Hilfe gekommen wäre. Sie gestattet es, Sterne ihrer gegenseitigen Lage nach genau zu fixieren, die selbst in den lichtstärksten Fernrohren nicht mehr direkt sichtbar sind. Man kann ja die Expositionszeit beliebig verlängern, um durch Summierung der Lichtwirkung selbst die allerschwächsten aus einer praktischen Unendlichkeit herüberflimmernden Lichtstrahlen sich mechanisch selbst aufzeichnen zu lassen. Man sehe sich die nebenbei abgebildete kleine Partie des Himmels im Sternbild des Schwans, allerdings mitten in der Milchstraße, an. Alle diese Sterne zeichneten sich auf nur *einer* photographischen Platte in wenigen Stunden auf. Wäre es überhaupt denkbar, wenn auch durch eine Arbeit von Jahren, diese Sterne messend oder durch Einzeichnen auf einer Karte mit annähernd ähnlicher Genauigkeit festzulegen, so daß man einmal nach Jahren sagen könnte, hier sei einer wirklich hinzugekommen oder verschwunden? Unter diesen Sternen auf der Platte ist längst keiner mehr mit bloßem Auge und sind vielleicht nur einige hundert mit den besten Fernrohren zu sehen.

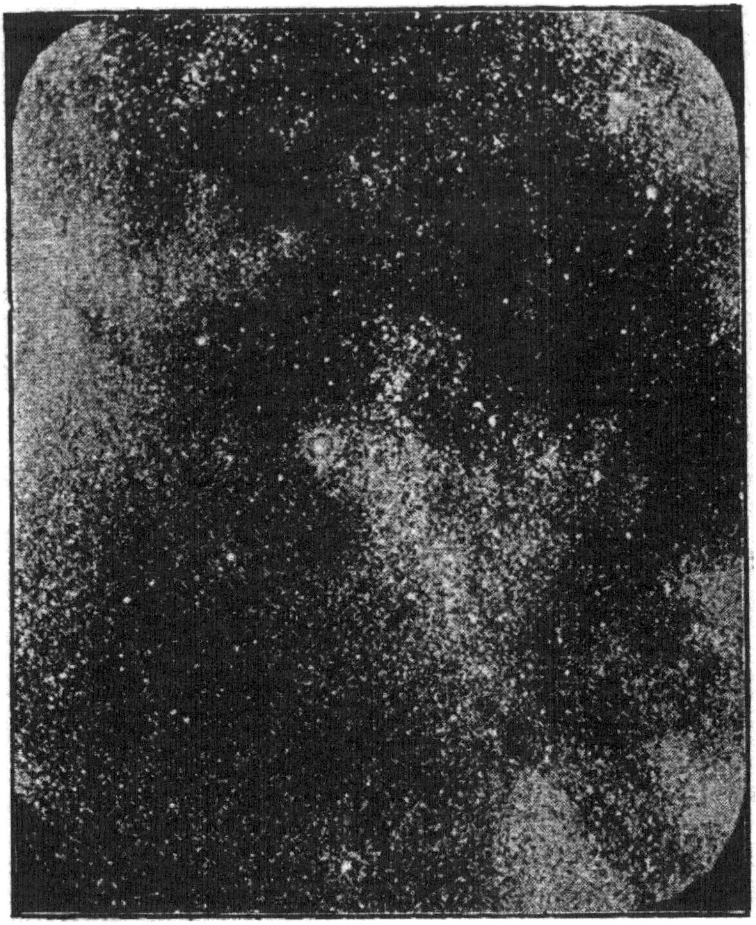

Ein Teil der Milchstraße im Schwan.
Nach einer photographischen Daueraufnahme.

Bei diesen gewaltigen Vorteilen der photographischen Mappierung haben sich im September 1887 eine Reihe von Astronomen in Paris zusammengefunden, die gemeinsam auf ihren über den ganzen Erdball verteilten Sternwarten nach einem einheitlichen Plan eine vollständige photographische Karte des Himmels herstellen. Diese wird über 20 Millionen Sterne enthalten, von denen 3 Millionen auf den Platten ihrer Lage nach ausgemessen werden sollen, um daraus einen Riesenkatalog herzustellen. Es wird wohl noch mindestens ein Jahrhundert hingehen, ehe die Arbeit vollendet ist.

Wir haben gesehen, daß die Anzahl der Sterne sehr bedeutend mit der Abnahme ihrer Helligkeit zunimmt. Dies wird ohne weiteres niemand merkwürdig finden: Überall in der Welt ist das Kleinere zahlreicher als das Große. Aber wir können doch noch etwas mehr aus dieser Tatsache entnehmen. Wir müssen doch voraussetzen, daß nicht alle Sterne, die uns so schwach leuchten, wirklich auch dunkler und kleiner seien, sondern in den meisten Fällen werden sie nur durch ihre Entfernung so viel kleiner erscheinen. Ihre Helligkeit gibt uns also unter Umständen etwas über ihre Entfernung an, und da wir sonst nur in ganz vereinzelten Fällen darüber etwas erfahren konnten, müssen wir diese Gelegenheit, so gut es eben geht, ergreifen, um über die räumliche Verteilung der Sterne etwas Allgemeineres kennenzulernen.

Würden wir zum Beispiel voraussetzen können, alle Sterne wären gleich groß und besäßen die Helligkeit der Sonne, so würde die Vergleichung der scheinbaren Helligkeiten direkt auch die wirkliche Entfernung ergeben, denn diese Helligkeit nimmt mit dem Quadrat der Entfernung ab. Wir können also schließen, daß Sirius, der 4¼mal heller leuchtet als Wega, uns noch einmal so nahe stehen müsse als dieser Stern, wenn beide in Wirklichkeit die gleiche Leuchtkraft besitzen. Nach den Parallaxmessungen ist in der Tat Wega 2½mal weiter von uns entfernt als Sirius. Beide Sonnen scheinen also wirklich etwa gleich groß zu sein. Wie sich freilich ihre Größe gegen die Sonne verhält, können wir hieraus noch nicht entnehmen, wir müßten dazu die scheinbare Helligkeit dieser beiden Sterne gegen die der Sonne abschätzen können, was sehr schwierig ist. Wir werden aber später noch einen Weg kennen lernen, auf dem man wenigstens für einige Sterne etwas über ihre wahre Größe ermitteln kann; man fand dann meist, daß diese fernen Sonnen auch in dieser Hinsicht von der unsrigen nicht allzu verschieden sein können.

Aber es gibt hiervon zweifellose Ausnahmen. So gehört zum Beispiel Arkturus zu den hellsten Sternen, während er eine so geringe Parallaxe zeigt, daß seine Entfernung sehr viel größer sein muß als durchschnittlich bei Sternen seiner Helligkeit. Er ist also auch in Wirklichkeit eine sehr große oder doch ungewöhnlich hell leuchtende Sonne. Andererseits haben wir gesehen, wie es recht kleine Sterne von 9. Größe gibt, die deutliche Parallaxen besitzen und uns also relativ nahe stehen. Das müssen ungewöhnlich kleine oder doch ungewöhnlich schwach leuchtende Sonnen sein.

Aber im allgemeinen müssen wir, wie gesagt, doch wohl annehmen, daß die schwächeren Sterne durchschnittlich auch die entfernteren seien. Dann entsprechen den verschiedenen Größenklassen der Sterne verschiedene Tiefen, in denen sie sich befinden. Die photometrische Vergleichung der Größenklassen ergibt also zugleich ihre relativen Abstände. Solche Vergleichungen haben nun gezeigt, daß jede tiefere Größenklasse etwa 2½mal weniger Licht besitzt als die höhere, daß also ein Durchschnittsstern 3. Größe 2½mal schwächer leuchtet als einer der 2. Größe. Hiernach haben zum Beispiel die Sterne 10. Größe nur noch 0.00025 des Lichtes von Wega, dem Normalsterne 1. Größe. Nach dem Gesetz von der quadratischen Abnahme des Lichtes haben wir also aus dieser Zahl nur die Quadratwurzel zu ziehen, um unter unserer Annahme zu erfahren, daß diese Sterne 10. Größe, die noch längst nicht zu den schwächsten gehören, etwa 64mal weiter von uns abstehen müssen als durchschnittlich ein Stern 1. Größe. Nehmen wir für diese letztere Durchschnittsentfernung 15 Lichtjahre oder rund 1 Million Sonnenentfernungen, eine sogen. *Sternweite*, so würde sich ergeben, daß das Licht der Sterne 10. Größe schon etwa tausend Jahre braucht, um zu uns zu gelangen. Für die schwächsten in Fernrohren noch sichtbaren Sterne findet man so an zehntausend und mehr Jahre.

Aber hier hat die Rechnung doch wohl ein Loch. Es scheint, daß diese am schwächsten leuchtenden Sterne, die zum größten Teil die Milchstraße bilden, wirklich auch kleiner sind als der Durchschnitt, und daß man sie also doch in wesentlich größerer Nähe vermuten muß. Außerdem ist es kaum anders möglich, als daß auch der Weltraum mit einem sehr dünnen, lichtabsorbierenden Stoffe erfüllt ist, ähnlich wie die Luft unserer Atmosphäre, und daß also auch dadurch die Sterne scheinbar in eine größere Entfernung gerückt werden, als ihnen wirklich zukommt. Aus manchen noch weiter dazukommenden Gründen meint man deshalb annehmen zu dürfen, daß die letzten, allerfernsten Sterne, die unsere optischen Mittel noch erreichen können, etwa »nur« 2000 Lichtjahre von uns abstehen. Dies ist der ungeheure Umfang des Gesichtskreises für unsere folgenden Betrachtungen. In Zahlen ausgedrückt, die uns aber keine Begriffe geben können, mißt danach die ganze Welt, soweit wir sie noch sinnlich wahrnehmen können, nach jeder Richtung hin rund zwanzigtausend Billionen Kilometer (20 000 000 000 000 000 km) oder 130 Millionen Sonnenentfernungen oder »Sternweiten«. Dies ist nach aller Wahrscheinlichkeit ein allergeringstes Maß.

Wie sollen wir aber etwas über die Natur dieser fernen Welten erfahren können, wenn sie sich nur als Punkte darstellen, so daß also keinerlei besondere Merkmale an ihnen zu erkennen sind, durch die man sie etwa mit unserer Sonne in Vergleich stellen könnte? Wieder jenes Wunderinstrument ist es, das wir uns aus einem einfachen lichtbrechenden Prisma zusammengesetzt haben, das Spektroskop, das den Forscherblick auch hier bis in das innerste Wesen der Materie trägt, die sich doch in ganz unausmeßbar großer Entfernung von uns befindet. Sind die Sterne für uns auch Punkte, so bestehen doch ihre Strahlen aus einem vielverschlungenen Gefüge von Lichtakkorden, die uns die Art der dort glühenden Stoffe verraten, so wie wir es bei der Sonne gesehen haben.

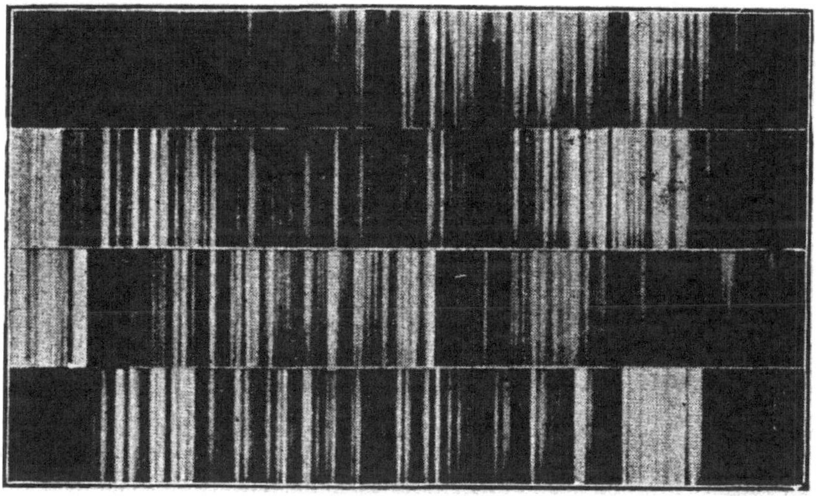

Sternspektren.

Da tritt nun die wunderbare Tatsache hervor, daß die größte Zahl der daraufhin untersuchten Sterne ein Spektrum hat, das in allen seinen Hunderten von Linien mit dem der Sonne völlig übereinstimmt. Dies bedeutet also, daß dieselben Stoffe unter denselben physischen Bedingungen jene Sterne zusammensetzen, wie sie unsere Sonne und auch unsere Erde aufgebaut haben. Das ganze Universum ist, wie sein Name es sagt, aus *einem* Wurf entstanden, aus ein und derselben Materie. Oben sind einige Sternspektren abgebildet. Jede Linie ist erzeugt von einem dort in Gasform glühenden Stoffe. Das oberste gehört einem jener »*Sonnensterne*« an, das zweite ist das Sonnenspektrum selbst. Man sieht, wie fast alle Linien sich in beiden Spektren untereinander fortsetzen, nur mit verschiedener Stärke.

Nun gibt es freilich auch Sterne mit andern Spektren, anderer chemischer und physikalischer Beschaffenheit. Man hat sie dementsprechend in drei spektroskopische Klassen geteilt. Zu der ersten Klasse gehören die ganz weißen Sterne, nach ihrem hauptsächlichsten Vertreter auch die Siriussterne genannt. Rigel, Wega, Spika gehören zu ihnen. Man kann aus ihrem Spektrum ersehen, daß sie noch ganz besonders heiß sein müssen, heißer als die Sonne. Sie haben sehr große heiße Atmosphären um sich gebildet, die namentlich aus Wasserstoff und Helium bestehen, wie die Chromosphäre der Sonne. Im Falle dieser Sterne ist sie aber so mächtig, daß die vielleicht auch hier darunter liegende Photosphäre mit ihrem Spektrum metallischer Gase nicht oder nur sehr schwach durchdringen kann. Es zeigen sich also hauptsächlich nur die Linien jener Chromosphärengase. Bei der zweiten Spektralklasse aber treten nun die Metallinien deutlich hervor, wie bei der Sonne. Das Licht dieser Sterne zeigt einen Stich ins Gelbliche, dadurch andeutend, daß die hellste Weißglut bei ihnen schon vorüber ist. Auch die Sonne hat ein etwas gelbliches Licht. Zu diesen Sonnensternen gehört Arkturus im Bootes, Capella im Fuhrmann und Aldebaran im Stier.

Die dritte Klasse endlich enthält die roten Sterne. Sie sind schon zur Rotglut herabgesunken. Die beiden untern Spektren unseres Bildes gehören diesem Typus an. Man sieht, wie hier viele dunkle Linien und Bänder das Spektrum durchziehen, was eine starke Lichtabsorption in ihren erkaltenden Atmosphären andeutet. Zu ihnen gehört Beteigeuze im Orion, dessen rötliches Licht ohne weiteres auffällt.

Wir schlossen hier aus der Farbe der Sterne allein auf ihren Hitzegrad. Es wäre nun interessant zu erfahren, ob vielleicht neben den Lichtstrahlen trotz der ungeheueren Entfernung auch noch eine Wärmestrahlung der Sterne direkt wahrzunehmen sei. In der Tat hat man eine solche bei einigen Sternen nachweisen können, aber in neuerer Zeit hat auch hier das Spektroskop tiefere Einblicke gestattet, indem es auf Grund gewisser Untersuchungen von Lummer und Pringsheim über die Beziehungen der Lichtverteilung im Spektrum zur Temperatur des leuchtenden Körpers sogar Grenz-Zahlenwerte der Temperatur der Fixsterne festzustellen gestattete. Man fand so für Sirius eine Temperatur zwischen 6000 und 8000 Grad, er ist etwa 2000 Grad heißer als es sich nach derselben Methode für unsere Sonne ergibt. Wega wäre danach ungefähr ebenso heiß wie die Sonne, die Temperatur des Arkturus läge zwischen 2500–2700 Grad, ebenso die des Aldebaran und die des rötlichen Beteigeuze zwischen 2800 und 3200 Grad, das ist ungefähr die Temperatur einer elektrischen Bogenlampe.

Unter jenen roten Sternen befinden sich nun viele, deren Licht Schwankungen unterworfen ist, sogen. *veränderliche Sterne*. Es gibt davon sehr verschiedene Typen, die ihren Lichtwechsel offenbar auch sehr verschiedenen Ursachen verdanken. Aber jene roten Sterne unter ihnen zeigen alle einen gleichen Charakter. Der Stern *Mira*, der »Wunderbare«, im Walfisch, ist der Hauptvertreter dieser Klasse offenbar erkaltender Sonnen. Zuzeiten kann dieser Wunderbare zu den hellsten Sternen zählen, er strahlt dann gelegentlich in 1. bis 2. Größe. Aber dieser Glanz hält nur wenige Wochen an, dann sieht man ihn schwächer und schwächer werden, bis er etwa siebzig Tage nach seinem Maximum für das bloße Auge verschwindet und dann sieben Monate lang unsichtbar bleibt. In Fernrohren freilich kann man ihn noch weiter sehen, aber er nimmt doch bis zur 9. bis 10. Größe ab. Nun wächst sein Licht wieder, und zwar viel schneller als es abgenommen hatte, so daß von seinem Wiedersichtbarwerden für das bloße Auge bis zu seinem höchsten Glanz nur noch vierzig Tage verfließen, gegen siebzig bei der Abnahme. Im ganzen dauert die Periode von einem Maximum zum andern durchschnittlich 333 Tage oder elf Monate. Aber alle diese Zeiten werden nur ganz ungefähr innegehalten, der Stern zeigt nichts von der sonst an den Himmelserscheinungen so sehr bewunderten astronomischen Pünktlichkeit. Auch sein Glanz kommt nicht immer wieder auf die gleiche Höhe, er erreicht manchmal nur die vierte Größe, so daß er ganz unscheinbar bleibt. Dies alles interessiert uns hier besonders. Wir erinnern uns, daß auch die Fleckenperiode der Sonne ganz ähnliche Erscheinungen darbietet, wenn auch in sehr abgeschwächtem Maße. Auch bei der Fleckenperiode ist die Zeit vom Minimum zum Maximum wesentlich kürzer als die Rückentwicklung, und auch bei der Sonne werden alle diese Zeiten nicht genau innegehalten. Auch die Größe der Bedeckung mit Flecken schwankt ja bekanntlich bei jedem Maximum und jedesmal nach drei Perioden von je $11^1/_3$ Jahren; nach 34–35 Jahren treten also, wie wir sahen, ganz besonders viele Flecke auf. Auch bei Mira glaubt man eine größere Periode von 40 Jahren erkennen zu können. Die Sonne ist demnach ein veränderlicher Stern vom Miratypus und deshalb Mira wahrscheinlich eine Sonne, die sich jedesmal nach elf Monaten mit sehr vielen Flecken überzieht. Wir haben eine neue Parallele gefunden zwischen jenen Sternen in der Unendlichkeit und unserer Sonne, die uns im Vergleich zu ihnen geradezu handgreiflich nahesteht. Mira aber ist für uns ein Zukunftsbild der Sonne. Es werden Zeiten kommen, wo ihr Licht und all ihre strahlende Kraft in derart erschreckendem Maße schwanken wird, zum sicheren Verderben alles Lebendigen.

Und noch eine sehr bezeichnende Ähnlichkeit findet sich zwischen der Sonne und diesen Mirasternen. Wenn letztere in ihrer Glanzperiode sind, zeigt ihr Spektrum sehr deutlich helle Wasserstofflinien, dieselben, die die Protuberanzen, jene riesigen Flammen, aufweisen, die aus dem Innern der Sonne hervorbrechen und während des Fleckenmaximums besonders zahlreich und groß sind. Ungleich heftiger als in unserer Sonne kämpfen also dort in den Mirasternen jene widerstreitenden Mächte miteinander, auf der einen Seite die unaufhaltsam vorschreitende Kälte des Weltraums, die alle Sonnen zum Erlöschen zu bringen trachtet, und auf der andern die immer neue Wärme erzeugende Wirkung der Massenzusammenziehung, die Verdichtungsarbeit, die, sich im Innern sammelnd, von Zeit zu Zeit in mächtigen Ausbrüchen dem vordringenden Verderben Widerstand leistet.

Mira war der erste dieser Art von Sternen, den man entdeckte. Der Danziger Ratsherr *Hevel*, der zugleich ein trefflicher Astronom war und eine der bestausgerüsteten Sternwarten seiner Zeit besaß, erkannte den merkwürdigen Lichtwechsel um die Mitte des 17. Jahrhunderts, und seither zeigt der Stern immer die gleichen Eigentümlichkeiten.

Inzwischen sind aber noch Hunderte[4] von ähnlichen veränderlichen Sternen von diesem Typus entdeckt. Merkwürdig ist es, daß diese meist, wenn sie überhaupt eine Periode verraten, ihr Licht innerhalb 300–400 Tagen wechseln.

Aber einige von diesen Sternen sind überhaupt völlig unregelmäßig. So zum Beispiel der Stern R in der Krone. (Man pflegt die veränderlichen Sterne durch große Buchstaben von R ab zu bezeichnen.) Dieser Stern bleibt oft jahrelang unveränderlich, um dann ziemlich langsam ab- und hierauf wieder zuzunehmen. So schwankt er zwischen 6.5. und 12. Größe. Irgend eine Periode ist an ihm nicht zu entdecken.

Wieder anders verhält sich U Geminorum. Auch dieser Stern bleibt meistens auf der gleichen sehr geringen Lichtstärke (etwa 13. Größe); diese aber steigt in ganz unregelmäßigen Zwischenräumen mit großer Schnelligkeit oft innerhalb 24 Stunden um mehrere Größenklassen, während er viel langsamer wieder abnimmt.

Alle diese Sterne verraten durch ihr eigentümliches Verhalten offenbar physische Umwälzungen auf ihrer Oberfläche. Diese ist in einigen Fällen vielleicht schon mit festen Schlacken überzogen, durch die gelegentlich die feuerflüssige Masse wieder ausbricht.

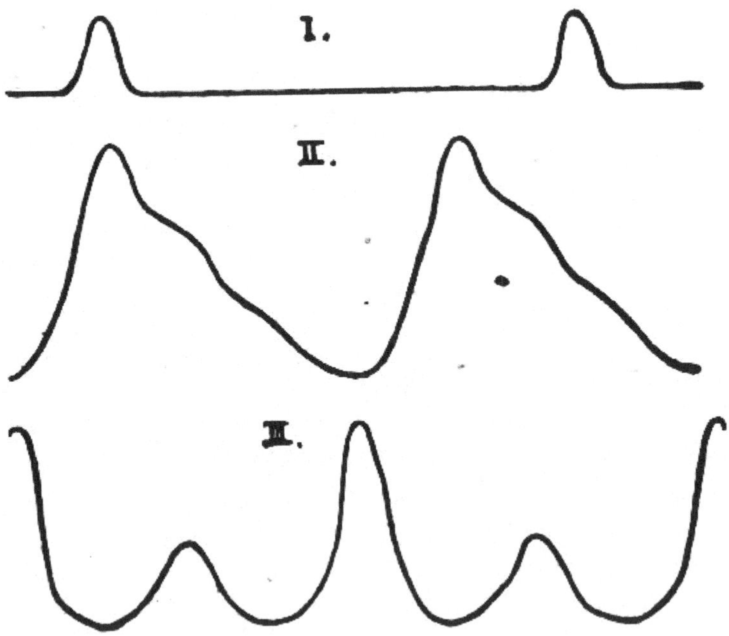

Lichtkurven veränderlicher Sterne:
I. Algol. II. δ Cephei. III. β Lyrae.

Auf einer ähnlichen vorgeschrittenen Stufe der Abkühlung befindet sich wahrscheinlich eine andere Klasse der veränderlichen Sterne, die ihr Licht in viel kürzeren Zwischenräumen wechseln als die Mirasterne. Diese andern Sterne, vom *Lyratypus*, nach dem zweiten Sterne (Beta) in der Leier so benannt, zeigen einen viel regelmäßigeren und ziemlich pünktlich innegehaltenen Lichtwechsel, der aber mehrere verschieden starke Minima und Maxima zu haben pflegt. Jener obengenannte Hauptvertreter der Gruppe hat eine Periode von 12 Tagen 21 Stunden 24 Minuten und einer langsam veränderlichen Zahl von Sekunden. Die hier oben abgebildete Kurve zeigt den Charakter des Lichtwechsels mit den beiden Nebenmaxima. Man kann die Erscheinung kaum anders erklären, als daß sich auf diesen Sternen vom Lyratypus schon eine feste Oberfläche gebildet hat, die teilweise bis unter Rotglut abgekühlt ist, während an andern Stellen vielleicht noch große glühend-flüssige Meere von Lava die Oberfläche bedecken. Indem nun die erstarrende Sonne sich um ihre Achse dreht, wendet sie uns in regelmäßigen Zwischenzeiten ihre leuchtenden und ihre dunklen Oberflächenteile zu. Die unregelmäßige Verteilung dieser verschieden hellen Gebiete erklärt die verschiedenen Maxima.

Zwischen den Veränderlichen dieser beiden Klassen gibt es nun mancherlei Abstufungen, und es ist deshalb wohl anzunehmen, daß die herbeigezogenen Erklärungsversuche nicht für alle diese Erscheinungen unbedingt Gültigkeit haben.

In dieser Hinsicht ist namentlich der Veränderliche S Cygni zu nennen, der überhaupt zu den merkwürdigsten dieser Art von Himmelskörpern gehört. Er bleibt etwa zwei Monate ganz unverändert in etwa 11. Größe. Dann steigt sein Glanz ähnlich wie bei U Geminorum rasch auf 8.5 Grad, das ist das 12- bis 14fache seiner normalen Helligkeit. Dies geschieht in wenigen Tagen, in der Hauptsache sogar in etwa 19 Stunden. Nun bleibt er in dieser Helligkeit abwechselnd fünf Tage oder noch einmal so lange. Es wechseln also kurze mit langen Perioden ab. Das Minimum ist nach einer Woche wieder erreicht. Nach einem kurzen Maximum bleibt er dann auch nur kürzere Zeit, 40 Tage, nach einem langen 45 Tage unverändert. Würde dies nun immer genau innegehalten, so müßte man an eine Umlaufserscheinung denken, ähnlich wie die, die wir gleich noch bei den Algolsternen kennenlernen werden. Nun aber zeigen sich namentlich wieder in neuerer Zeit (1903), wie auch schon 1897 und 99, seltsame Abweichungen von der Regel. 1897 waren mit einemmal zwei kurze Maxima aufeinander gefolgt, und darauf dauerte das Minimum nur 22 Tage, statt 40 oder 45. Kurz, es sind Störungen eingetreten, für die zunächst noch die Erklärung fehlt.

Völlig auf der Grenze zwischen dieser und der nächsten Klasse von veränderlichen Sternen steht S Antliae. Seine Periode beträgt nur 7 Stunden 46.8 Minuten, die er regelmäßig innehält; sein Licht bleibt aber nicht eine Zeitlang unverändert, um dann schnell auf- oder abzusteigen, sondern verändert sich ganz allmählich. Auch insofern weicht der Stern von der Regel ab, als die Lichtzunahme langsamer erfolgt als die Abnahme.

Vor ganz kurzer Zeit wurde noch ein ähnlicher Stern mit der kürzesten überhaupt beobachteten Periode von 4 Stunden 0.13 Sekunden entdeckt. Daß diese Periode etwas mit der Umschwungszeit des Sternes um seine Achse oder von zwei Sternen umeinander zu tun haben muß, ist wohl zweifellos. Wir hätten also hier ganz ungewöhnlich schnelle Umlaufsbewegungen konstatiert.

Unsere aufmerksame Beobachtung hat uns abermals eine Ähnlichkeit zwischen jenen durchmesserlosen Sternen und der Sonne aufgedeckt, die Umschwungsbewegung um eine Achse. Die rotierende und kreisende Bewegung der Weltkörper ist eine ganz allgemeine Erscheinung. Sie ist notwendig, damit im Rhythmus dieses Umschwungs eine Entwicklung stattfinden kann, denn nur kreisende Weltkörper können ihresgleichen gebären.

Nun gibt es noch eine Klasse von veränderlichen Sternen, die nicht in den bisher verfolgten Entwicklungsgang der Sterne durch allmähliche Abkühlung passen und dies auch schon durch ihr rein weißes Licht verraten; es sind die Sterne vom *Algoltypus*. Der Vorgang spielt sich im Gegensatz zu den meisten Veränderlichen der andern Klassen mit völlig astronomischer Pünktlichkeit ab. Algol, der zweite Stern im Bilde des Perseus, hat zum Beispiel eine Periode von genau 2 Tagen 20 Stunden 48 Minuten und 55.4 Sekunden. Diese letztere Sekundenzahl schwankt im Laufe der Jahrzehnte um höchstens 5 Einheiten in offenbar gesetzmäßiger Weise. Für gewöhnlich ist der Stern zweiter Größe, etwa so wie der Polarstern, und man kann ihn leicht in dem Sternbilde finden. So bleibt er nur 2½ Tage unverändert. Dann beginnt er dunkler zu werden, erst ganz langsam, dann immer beschleunigter, und nach etwa 4½ Stunden ist sein Licht um anderthalb Größenklassen herabgesunken, so daß er nur noch ein unscheinbares Sternchen 3. bis 4. Größe ist. Nun nimmt er aber sofort wieder zu und hat in derselben Zeit, die er zur Abnahme brauchte, seine frühere Helligkeit wieder erreicht.

Es gibt nur eine Erklärung für diesen Vorgang: Es findet jedesmal eine Verfinsterung dieser Algolsonne für unsern Standpunkt statt, ein dunkler Körper tritt zwischen sie und uns, wie bei den Sonnenfinsternissen der Mond. Dieser dunkle Körper umkreist den Algol offenbar innerhalb jener Periode von weniger als drei Tagen. Er muß sich deshalb sehr nahe bei ihm befinden und sehr groß sein, da er soviel Licht von ihm verdecken kann. Die Zeichnung S. 64 drückt diese Verhältnisse aus.

Wieder haben wir eine Entdeckung gemacht, durch die sich uns eine neue, bedeutsame Verwandtschaft zwischen den Sternen und der Sonne dartut: Auch jene Sonnen des fernsten Universums werden umkreist von andern Körpern, sie haben Planeten um sich versammelt wie unser mütterliches Gestirn, die sie mit ihren Wohltaten überhäufen können. Freilich ist dieses Algolsystem doch sehr verschieden von dem der Sonne. Man hat unter bestimmten Voraussetzungen die wirkliche Größe der beiden Körper berechnen können und findet, daß der leuchtende Stern im Durchmesser 1 700 000 Kilometer hält, also nicht viel mehr als unsere Sonne mißt, und daß der dunkle Begleiter fast genau so groß ist wie sie. Der größte Planet unseres Systems, Jupiter, aber ist 10mal kleiner als die Sonne. Ein so großer und seiner Sonne so naher Planet kann Lebendiges sicher nicht mehr beherbergen. Die beiden Körper müssen sich zu stark beeinflussen. Es scheint, als ob zwischen ihnen ein furchtbares Ringen stattfindet, in dem die mächtigere Sonne ihren dunklen Rivalen mit sich zu vereinigen trachtet.

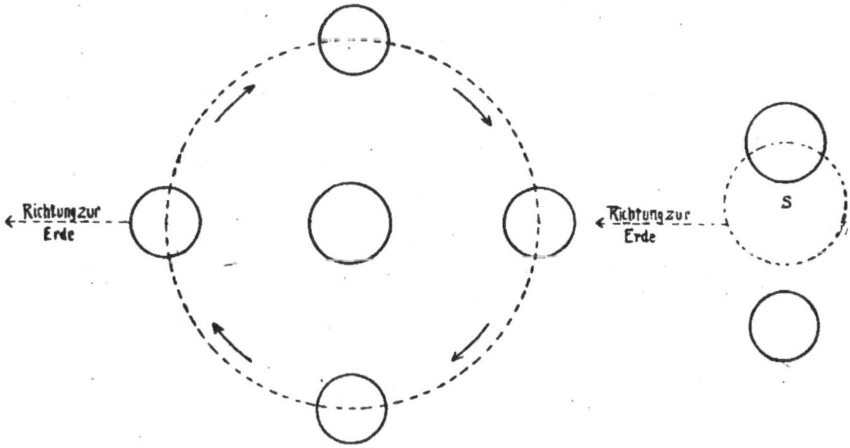

Das Algolsystem, nach H. C. Vogel.

Vielleicht besteht dieses Algolsystem sogar aus drei Körpern, die in großer gegenseitiger Nähe einander umkreisen. Ich habe schon vorhin gesagt, daß die Sekundenzahl des beobachteten Lichtwechsels wieder in periodischer Weise schwankt. Diese Sekunden summieren sich natürlich, und es ergibt sich, daß nach etwa 140 Jahren 173 Minuten Differenz gegen einen unveränderlichen Umlauf zusammengekommen sind; dann verändert sich die Periode wieder im umgekehrten Sinne. Immer aber bleibt die astronomische Genauigkeit bestehen. Ganz ähnliche langsame Schwankungen der Umlaufsbewegungen nehmen wir auch in unserem Sonnensystem wahr; sie entstehen dadurch, daß sich die Planeten gegenseitig durch ihre besondere Anziehung beeinflussen, oder daß zum Beispiel im Falle unseres Mondes die Abplattung der Erde in solchem Sinne wirkt.

Ähnliches muß notwendig auch im Algolsystem stattfinden. Wir haben wieder eine neue Verwandtschaft zwischen jenen fernen Sonnensystemen und dem unsrigen entdeckt.

Veränderliche vom Algoltypus sind sehr selten; es gibt nur etwa zwanzig. Genau sind solche Zählungen indes nie möglich, da es in einzelnen Fällen zweifelhaft bleibt, in welche Klasse man den betreffenden Stern einzuordnen hat. Bei allen spielt sich der Lichtwechsel in sehr kurzer Zeit ab; die längste Periode beträgt 9½ Tage, bei S Cancri. Die kürzeste Periode fand man bei U Ophiuchi mit 20 Stunden 7 Minuten und 43 Sekunden, wenn man von dem hier nur zweifelhaft hergehörigen S Antliae absieht, von dem ich oben sprach.

Daß diese Art von Sternen so selten ist, wird man begreiflich finden, wenn man überlegt, daß naturgemäß nicht häufig zwei fast gleichgroße Körper so nahe beisammenstehen werden; dazu kommt die Bedingung einer bestimmten Lage beider Körper zu uns, damit der eine den andern gerade für unsern Standpunkt im Weltall verdunkeln kann. Diese Seltenheit beweist deshalb auch nichts gegen die Ansicht, daß vielleicht sogar die meisten andern Sonnen am Himmel eine Schar von Planeten um sich versammelt haben wie die unsrige. Gerade wenn die Verhältnisse ebenso sind wie bei uns, können wir niemals etwas davon erkennen. Die dunklen Begleiter selbst zu sehen, ist ganz ausgeschlossen; ihre Verfinsterungen aber würden wir gleichfalls nicht mehr wahrnehmen können, weil das abgehaltene Licht einen zu kleinen Teil des ganzen Sonnenlichtes ausmachen würde, wenn die Größe des Begleiters zu seiner Sonne im gleichen Verhältnis stände wie Jupiter zu der unsrigen.

In einem besonderen, freilich wieder in anderer Weise von den Verhältnissen in unserem Sonnensystem abweichenden Falle können wir nun aber doch direkt sehen, daß die Sonnen Begleiter haben, die in ähnlichen Größen- und Entfernungsverhältnissen stehen, wie die Planeten zur Sonne, nämlich sobald diese Begleiter noch selbst leuchten, selbst also noch Sonnen sind. Solcher Doppel- und vielfachen Sterne gibt es nun in der Tat viele Tausende am Himmel. Alle Abstufungen sind vertreten. Bei ganz hellen Sternen stehen ganz schwache, dann sieht man wieder zwei gleich helle Lichtpunkte nebeneinander, wie bei dem Stern 61 im Schwan, der nach unserer Kenntnis der drittnächste von uns ist. Seine Entfernung beträgt nur etwa 7 Lichtjahre, 70 Billionen Kilometer. Ein dreifacher Stern, Gamma in der Andromeda, gehört zu den herrlichsten unter den funkelnden Edelsteinen des Himmels. Schon kleine Fernrohre zeigen ihn in seiner ganzen Schönheit. Der Hauptstern ist dritter Größe und leuchtet in goldgelbem Lichte, aber sein Nebenstern, der wieder doppelt ist und fünfter Größe, ist intensiv blau in wundervollem Kontraste gegen den andern: Ein Topas neben einem Saphir.

In vielen Fällen können wir nun zwar bei diesen nahe nebeneinanderstehenden Sternen nicht unterscheiden, ob sie nicht vielleicht nur zufällig für unsern Standpunkt diese Stellung einnehmen, in Wirklichkeit aber weit hintereinander stehen. Wir können ja in den wenigsten Fällen ihre wirklichen Entfernungen ausmessen. Es würde sich dann nur um *optische* Doppelsterne handeln, von denen sich ganz gewiß viele unter den bekannten befinden.

Bei einer ganzen Reihe aber ist kein Zweifel über ihre wirkliche Zusammengehörigkeit, weil man die Wahrnehmung machte, daß sich einer der beiden Sterne um den andern bewegt, wie ein Planet um seine Sonne. Eine neue Übereinstimmung von ganz besonderem Werte für unsere Betrachtungen, denn wir erkennen daraus zugleich, daß dieselben Gesetze der Schwerkraft, die die schöne Ordnung in unserem engeren Weltreiche schuf und festhält, auch dort in derselben Weise dieselbe Materie beherrscht wie hier.

Unter diesen physischen Doppelsternen haben die beiden Einzelsterne bei weitem den größten Abstand voneinander bei dem uns zugleich auch am nächsten stehenden: Alpha im Zentauren. Wir verstehen ohne weiteres, daß, je näher uns ein solches System ist, wir auch um so leichter seine einzelnen Teile sehen können. Bei jenem Stern steht der Begleiter 17.7´´ entfernt. Da seine Parallaxe 0.7´´ ist und wir wissen, daß dieser Winkel gleich der Entfernung der Sonne von uns, aus dieser Entfernung gesehen, ist, so brauchen wir nur diese 17.7 durch 0.7 zu dividieren, um zu finden, um wieviel Sonnenentfernungen dieser leuchtende Planet von seiner Sonne absteht. Das macht also etwa 25 Sonnenentfernungen. Neptun, der entfernteste Planet, befindet sich 30 dieser Einheiten von der Sonne entfernt. Auch hier wieder eine schöne Übereinstimmung der Verhältnisse. Jener Stern bewegt sich um den Mittelpunkt seines Systems in 81 Jahren, Neptun braucht dazu 165 Jahre. Da nun die Geschwindigkeit, mit der sich zwei Himmelskörper umeinander bewegen, außer von ihrer gegenseitigen Entfernung von ihrer Masse abhängt, so kann man von dem Verhältnis dieser Geschwindigkeiten in verschiedenen Systemen auf das Verhältnis ihrer Massen schließen. So findet man, daß die Masse von Alpha Zentauri gleich 2.2 Sonnenmassen sein muß. Die uns nächste Sonne ist also nicht wesentlich größer als die unsrige. Ist diese Masse auch ebenso dicht über ihren Körper verteilt, so kann ihr Durchmesser nur wenig größer sein als der unsrer Sonne. Es ergibt sich dann, daß jene ferne Sonne von uns aus gesehen nur noch 0.006 Bogensekunden messen kann. Da unsere besten Fernrohre kaum eine Scheibe von einigen Zehntel Bogensekunden von einem Punkt zu unterscheiden vermögen, so begreift man wohl, daß uns die Sterne durchmesserlos erscheinen.

Die kürzeste bisher berechnete Umlaufszeit von Doppelsternen beträgt nach neuester Bestimmung von Aitkens 5.7 Jahre, sie ist ungefähr die Hälfte der des Jupiter. Der Abstand beider Sterne ist aber in diesem Falle nur noch 0.4´´. Daß wir nicht noch kürzere Umlaufszeiten direkt wahrnehmen, liegt offenbar daran, daß die Sterne so sehr weit von uns entfernt sind, während die Größenverhältnisse jener Sternensysteme von denen unserer Sonnenwelt nicht so sehr abweichen. Die gewiß vorhandenen noch näheren Begleiter sind eben nicht mehr getrennt zu sehen.

Aber je mehr unsere optischen Mittel verschärft werden, desto mehr findet man ganz nahe Begleiter bei den Sternen, und es scheint heute geradezu, daß ein Stern ohne Begleiter zu den Ausnahmen gehört. Fast alle Sonnen haben Nebenkörper hervorgebracht, die einst, schneller erkaltend wie sie, zu eigentlichen Planeten werden sollen.

Die Umlaufsbewegungen dieser leuchtenden Begleiter anderer Sonnen unterscheiden sich jedoch sämtlich in einer sehr auffälligen Eigenschaft von denen der Planeten. Beide Arten von Körpern bewegen sich zwar, genau den Gesetzen der Schwerkraft entsprechend, in Ellipsen um den gemeinsamen Schwerpunkt ihrer Massen, aber bei den Planeten sind diese Ellipsen Kreisen sehr ähnlich, sie sind sehr wenig exzentrisch, während die Doppelsterne meist in sehr langgestreckten Bahnen einander umkreisen. Die Doppelsterne nähern sich dadurch gewissen Kometen, die in unserem Sonnensystem zwischen den Planetenbahnen umlaufen. Eine Entwicklung des Lebens wäre auf solchen Weltkörpern, nachdem sie einmal erkaltet wären, ganz unmöglich, weil im Laufe ihrer Jahreszeiten die Beleuchtungs- und Erwärmungsverhältnisse bei dem starken Wechsel der Entfernung vom Zentralgestirn zu veränderlich sein würden. Vielleicht sind unbekannte Einwirkungen vorhanden, durch die im Laufe der Zeit, die solche kleineren Sonnen brauchen, um zu Planeten zu erkalten, auch ihre Bahnen allmählich zu ungefähren Kreisen abgeschliffen werden. Sind in diesen offenbar jungen Weltsystemen noch viele kleinere Nebel- oder meteorische Massen von der ersten Entwicklungszeit her vorhanden, die der Bewegung Hindernisse entgegenstellen, so müßte in der Tat solche langsame Verkleinerung der Exzentrizität eintreten.

Unter den Doppelsternen befindet sich auch Sirius. Wie er aber als Doppelstern erkannt wurde, hat ein ganz besonderes Interesse. Jene hellste Sonne am Nachthimmel machte nämlich ganz seltsame Bewegungen. Zwar rücken alle Sterne am Himmel langsam von ihrem Platze, wovon wir noch ausführlicher zu sprechen haben, aber Sirius bewegte sich abweichend von den übrigen Sternen geradeso, als ob sich in seiner Nähe noch ein anderer unsichtbarer Körper befände, der mit ihm um den gemeinsamen Mittelpunkt des Systems kreiste. Man konnte vorhersagen, daß der unsichtbare Körper zu einem Umlauf etwa 50 Jahre brauche, und Auwers in Berlin berechnete dann auch noch die übrigen »Elemente« seiner Bahn. Dieser rechnerischen Voraussetzung gemäß ist denn auch wirklich der Begleiter gefunden worden.

Dieser ist gar nicht so sehr klein, 9. Größe, aber doch nur schwer zu sehen, weil ihn der mächtige Glanz seiner Sonne so stark überstrahlt. Der kleinere Stern kann sich höchstens um 9.7 Bogensekunden von ihr entfernen. Gewöhnlich befindet er sich aber wesentlich näher. Die Umlaufszeit ist von *Lohse* in Potsdam zu 50.38 Jahren neu bestimmt. Da man auch bei Sirius die Entfernung von uns kennt, so läßt sich auch die Masse der beiden Körper berechnen. Man findet, daß er 13–14mal soviel Masse besitzt wie unsere Sonne, der Begleiter 6–7mal soviel. Die große Helligkeit dieser Sonne erklärt sich also wohl teilweise aus ihrer bedeutenden Größe. Merkwürdig aber ist, daß der Begleiter gar nicht soviel kleiner ist als Sirius und doch so sehr viel schwächer leuchtet. Wir haben hier wieder ein Beispiel dafür, daß im besonderen die Helligkeit nichts Sicheres über die wahre Größe eines Himmelskörpers aussagt.

Jenes wahrhafte Wunderinstrument, das Spektroskop, hat uns auch noch tiefer in die Geheimnisse dieser fernen Sonnensysteme blicken und Sterne als doppelt erkennen lassen, die in unsern Fernrohren wohl niemals getrennt gesehen werden können. Bei den Spektren einiger Sterne sieht man nämlich periodisch Doppellinien auftreten, die nur davon herrühren können, daß hier zwei Körper Licht aussenden, von denen der eine sich zu uns her, der andere von uns hinweg bewegt. Dadurch verschiebt sich die Lage der Linien im Spektrum. Es ist einer der größten Triumphe unserer modernen Beobachtungskunst, daß es durch diese Linienverschiebungen gelingt, die Größe der Bewegung solcher Himmelskörper sogar in Kilometern in der Sekunde zu bestimmen, obgleich man über die Entfernung selbst, in der diese Bewegungen stattfinden, gar nichts weiß. Wir sehen es heute in der Tat einem Sterne unmittelbar an, ob er sich gerade auf uns zu oder von uns hinweg bewegt und zwar um wieviel in der Sekunde. Da bei kreisenden Bewegungen die Richtung sich beständig ändert, so ändern sich auch jene Linienverschiebungen, und wir können aus diesen periodischen Schwankungen die Umlaufszeit solcher spektroskopischen Doppelsterne bestimmen, die wir doch immer nur als einen einzigen Lichtpunkt sehen. Die größte Umlaufszeit, die auf diese Weise entdeckt wurde, hat ein Stern im Drachen mit 282 Tagen. Die meisten dieser Sterne aber haben nur Umlaufszeiten von wenigen Tagen und verraten sich deshalb als Algolsterne mit sehr nahen Begleitern, die sich von jenen nur dadurch unterscheiden, daß diese Begleiter noch selbst leuchten. Natürlich braucht sich der Begleiter auch nicht in der Richtung der Gesichtslinie zu uns zu befinden, wie beim Algol und seinen Verwandten. Andererseits muß man Algol als spektroskopischen Doppelstern erkennen, wenn die für seinen Lichtwechsel gegebene Erklärung zutrifft. In der Tat verschieben sich die Linien im Spektrum innerhalb derselben Periode wie sein Lichtwechsel. Auch bei andern Veränderlichen mit nahezu konstanter Periode hat man dieselbe Übereinstimmung gefunden.

Ebenso wie die Sonne mehrere Planeten um sich versammelt hat, bemerkt man am Himmel auch mehrfache Sternsysteme, wo vier, fünf, selbst bis zu neun Sterne sicher oder doch wahrscheinlich physisch miteinander verbunden zu erkennen sind. Daß solche Systeme für unsere Wahrnehmung selten vorkommen, beweist wieder nichts gegen ihre wirkliche Häufigkeit. Sind die andern Sonnensysteme dem unsrigen in dieser Hinsicht ähnlich, so müßten die kleineren Körper von der Art unserer Erde für uns verschwinden, auch wenn sie noch selbst leuchten.

Selbst auf dem spektroskopischen Wege hat man Andeutungen von einer Vielfachheit gefunden, wo wir doch immer nur *einen* Lichtpunkt unterscheiden. In neuerer Zeit hat Tickhoff bei Beta Aurigae die Wahrnehmung gemacht, daß sich nicht nur seine Linien periodisch verdoppeln, sondern daß wieder in andern Perioden jede der doppelten Linien sich abermals spaltet. Wir haben hier also ein vierfaches System vor uns; wahrscheinlich haben die beiden Hauptkörper je noch einen kleineren Trabanten.

Die Perioden der spektroskopischen Doppelsterne reihen sich, je weiter unsre betreffenden Kenntnisse vordringen, desto mehr in ihrer oberen Grenze denen der optisch wahrgenommenen unten an, setzen sich dann aber bis zu wenigen Tagen fort, das heißt, zu einer mutmaßlichen Nähe der Begleiter, bei denen ein direktes Erkennen längst ausgeschlossen wäre.

Daß es verhältnismäßig viele so sehr nahe beieinanderstehende Weltkörper gibt, ist jedenfalls merkwürdig. Unser Sonnensystem zeigt nicht entfernt irgendwo in seinem Bau ähnliche Verhältnisse. Wir müssen annehmen, daß hier, ebenso wie bei den exzentrischen Doppelsternbahnen, besondere Entwicklungszustände vorliegen, in denen sich unser Sonnensystem nur gegenwärtig nicht befindet. In einem anderen Bändchen[5] dieser Sammlung habe ich dargetan, daß diese ganz nahen Doppelsterne möglicherweise das letzte Stadium einer Rückentwicklung sind, in dem die Systeme ihre Massen wieder vereinigen, die Planeten in ihre Sonne wieder zurückfallen. Aber manches spricht doch wieder dagegen. Gerade die Algolsterne und die meisten spektroskopischen Doppelsterne zeichnen sich durch ein besonders weißes Licht aus, sie sind nicht rötlich, wie diejenigen veränderlichen Sterne, die wir als alternde Sonnen erkannt haben. Man hat deshalb gemeint, daß man es bei diesen einander so nahen und nahezu gleichgroßen Doppelkörpern ganz umgekehrt mit einem Geburtsakt zu tun habe, bei dem eine Sonne sich zweiteilt. Gewisse theoretische Untersuchungen haben die mechanische Möglichkeit solcher Abtrennung erwiesen. Wir können über diese einander völlig widersprechenden Ansichten derzeit noch nicht entscheiden.

Viele Sterne zeigen uns nun durch jenes sogen. Dopplersche Prinzip der Linienverschiebungen, daß sie nicht in kreisender, sondern *geradliniger* Bewegung den Raum durcheilen, und wir können dann den Teil davon messen, der gerade auf uns zu oder von uns hinweg gerichtet ist, ohne daß wir sie im Fernrohr von der Stelle rücken zu sehen brauchen. So ergaben Beobachtungen von *Vogel* und *Scheiner* in Potsdam, daß Sirius und Wega sich in jeder Sekunde um 15 Kilometer uns nähern, dagegen Aldebaran, der erste Stern im Stier, seine unbekannte Entfernung von uns in jeder Sekunde um 48 Kilometer vergrößert. Durchschnittlich sieht man die Sterne sich im Spektroskop um 20–30 Kilometer im Raume fortbewegen. Eine ungewöhnlich große Eigenbewegung hat man letzthin an dem Doppelsterne O Persei entdeckt, der um mehr als 100 Kilometer in der Sekunde fortrückt. Dabei schwankte diese Geschwindigkeit in einer Periode von 4.4 Tagen beträchtlich, so daß man es hier mit einem auch nur spektroskopisch doppelten Sterne zu tun hat, von dem Vogel in Potsdam ausrechnete, daß die beiden Sterne 6 600 000 Kilometer voneinander abstehen und zusammen nur etwa 0.6 der Sonnenmasse besitzen. Da sich hier die Spektrallinien nicht periodisch spalten wie bei den sonstigen spektroskopischen Doppelsternen, so ist anzunehmen, daß der eine Begleiter dunkel ist wie beim Algol, nur daß seine Bahn nicht vor dem hellen Stern vorbeiführt, so daß er also keine Lichtschwankungen hervorbringen kann.

Solche Bewegungen der Sterne werden nun auch direkt im Fernrohr wahrgenommen, soweit sie in der andern Richtung, also senkrecht zur Gesichtslinie, stattfinden. Kein Stern steht am Himmel wirklich still, und der Name Fixstern ist nicht mehr berechtigt. Es gibt Sterne, wie zum Beispiel Arkturus, die, seitdem man es vor zweitausend Jahren zuerst versuchte, ihren Ort am Himmel festzustellen, diesen um mehr als zwei Vollmondsbreiten verändert haben. Die größte Eigenbewegung hat, wie man erst vor kurzem entdeckte, ein kleiner Stern 8. bis 9. Größe auf der südlichen Halbkugel, bezeichnet mit Cordoba Z. 5.243; sie beträgt 8.7´´ im Jahre. Er braucht nur 200 Jahre, um eine Vollmondsbreite weiterzurücken. Die zweitgrößte Eigenbewegung hat ein Stern 6. Größe, der 1830 Groombridge benannt wird. Seine jährliche Bewegung beträgt 7.05 Bogensekunden. Die zehn größten Eigenbewegungen sind auf dem oberen Diagramm S. 72 in ihrer relativen Größe aufgezeichnet. Darunter befinden sich die Eigenbewegungen der zehn hellsten Sterne des Himmels. Wir sehen, daß diese hellsten Sterne keineswegs auch durchschnittlich sich am schnellsten bewegen, was man voraussetzen könnte, wenn sie uns auch die nächsten wären. Nur unser nächster Nachbar im Weltall, Alpha Zentauri, hat auch eine große Eigenbewegung. Wir sehen auch aus diesem Umstande wieder, daß die hellsten Sterne uns keineswegs auch immer die nächsten sind. Die hier mit zum Teil sehr kleinen Eigenbewegungen verzeichneten Sterne erster Größe haben sich als für uns praktisch unendlich weit entfernt herausgestellt. Wir müssen also annehmen, daß diese Sterne, Canopus, der zweithellste, auf der südlichen Halbkugel stehende Stern, dann Rigel und Beteigeuze im Orion, ganz gewaltige Sonnen sind, gewiß Hunderte von Malen größer als die unsrige, da sie aus fast unausmeßbarer Entfernung noch so hell zu uns herüberleuchten und auch durch ihre geringen Eigenbewegungen ihren großen Abstand von uns verraten. Andererseits aber zeigt Arkturus, der für uns gleichfalls in nahezu unendlicher Entfernung steht, eine sehr große Eigenbewegung. Er muß sich in Wirklichkeit also ungeheuer schnell durch den Himmelsraum bewegen. Unter der Annahme der sehr kleinen Parallaxe, die man mit ziemlicher Unsicherheit für diesen Stern gefunden hat, folgt aus seiner scheinbaren Eigenbewegung von 2,3´´ im Jahre, daß er mit einer Geschwindigkeit von 670 Kilometern in der Sekunde den Raum durchrasen müßte, das ist tausendmal schneller als unsere schnellsten Geschosse fliegen. In den Himmelsräumen, wo alles mit einem Maßstabe gemessen wird, der uns Parasiten eines kosmischen Sandkornes völlig über den Horizont geht, ist man wohl auf große Geschwindigkeiten gefaßt, mit denen die Materie ihren unbekannten Zielen entgegengeführt wird, aber jene Geschwindigkeit gehört doch zu den größten auch nach diesem kosmischen Maßstabe. Und eine ganze Sonne soll sich so schnell fortbewegen! Mit was für unausdenkbaren Kräften arbeitet das Getriebe der Weltkörper!

Die 10 schnellsten und die 10 hellsten Sterne des Himmels, ihre 100jährige Eigenbewegung (E.), Parallaxe (P.) und Entfernung in Lichtjahren (L.).

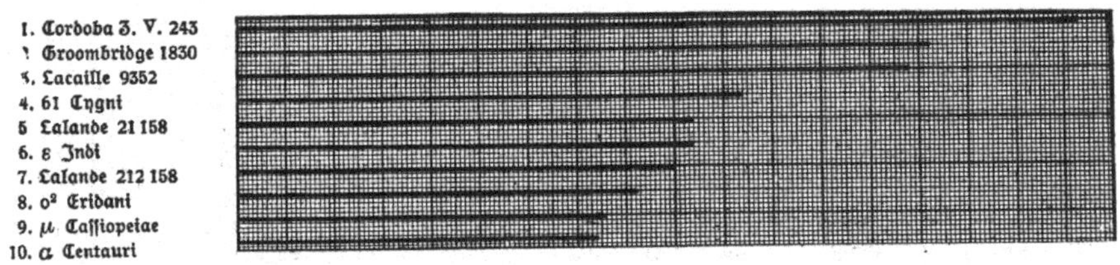

Die 10 *schnellsten* Sterne des Himmels, ihre 100jährige Eigenbewegung; 1 kleinstes Quadrätchen = 5´´.

Namen:	E.	P.	L.
1. Cordoba Z. V. 243	870´´	0,32´´	20
2. Groombridge 1830	710´´	0,12´´	17
3. Lacaille 9352	690´´	0,29´´	11
4. 61 Cygni	520´´	0,31´´	10
5. Lalande 21 158	470´´	0,40´´	8

6. ε Indi 470´´ 0,28´´ 12

7. Lalande 212 158 450´´ 0,20´´ 16

8. o^2 Eridani 410´´ 0,17´´ 19

9. μ Cassiopeiae 380´´ 0,11´´ 30

10. α Centauri 368´´ 0,76´´ 4,3

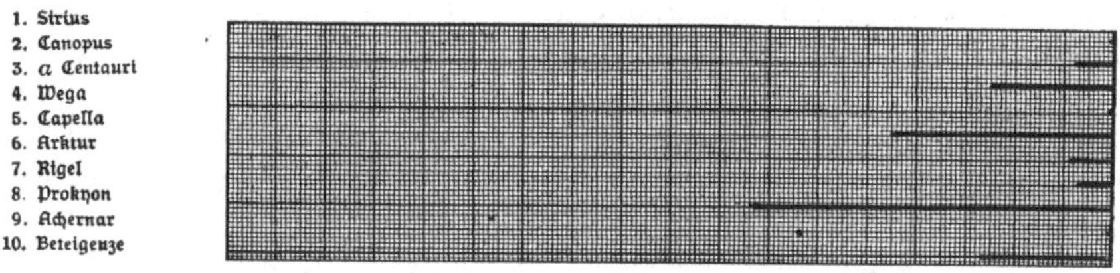

Die 10 *hellsten* Sterne des Himmels, ihre 100jährige Eigenbewegung; 1 kleinstes Quadrätchen = 5´´.

Namen:	E.	P.	L.
1. Sirius	132´´	0,38´´	9
2. Canopus	5´´	0,01´´	327
3. α Centauri	368´´	0,76´´	4,3
4. Wega	36´´	0,09´´	36
5. Capella	43´´	0,07´´	47
6. Arktur	228´´	0,07´´	47
7. Rigel	2´´	0,01´´	328
8. Prokyon	125´´	0,32´´	10
9. Achernar	42´´	0,05´´	65
10. Beteigeuze	3´´	0,03´´	108

Da wir bisher eine so völlige Übereinstimmung aller Grundeigenschaften zwischen den Sternen und unserer Sonne gefunden haben, so müssen wir voraussetzen, daß auch diese im Raume nicht still steht. Bewegt sie sich aber mit uns und den übrigen Körpern ihres Reiches unter den Sternen fort, so müssen diese scheinbar nach der entgegengesetzten Seite zurückweichen. Die Eigenbewegung der Sterne, so wie wir sie wahrnehmen, setzt sich also aus zwei Teilen zusammen, nämlich aus ihrer wirklichen Bewegung im Raume und ihrer scheinbaren, durch unsere eigene Bewegung hervorgerufenen. Man versteht wohl, daß es schwer ist, diese beiden Wirkungen voneinander zu trennen. Unter gewissen Voraussetzungen fand man, daß wir uns mit der Sonne in jeder Sekunde um etwa 16 Kilometer gegen einen Punkt bewegen, der unweit der schönen Wega in der Leier liegt.

Es wird manchem kaum faßlich und unmöglich scheinen, daß das ganze Sonnensystem mit allen seinen großen und kleinen Weltkörpern, die durch weite leere Räume von der Sonne getrennt sind, doch sich fortbewegen könne, als sei es nur ein einziger, fest zusammenhängender Körper. Wir müssen uns aber vorstellen, daß der ganzen ursprünglichen Masse diese Bewegung schon innewohnte, als sie sich noch nicht in die einzelnen Teile des heutigen Sonnensystems geschieden hatte, als die Planeten noch nicht geboren waren. Die gemeinsame Bewegung blieb, und die Planetenkugeln konnten später ihr kreisendes Spiel unbekümmert um diese beginnen, wie man auf einem fahrenden Schiffe Ball spielen kann, als ob es ruhe.

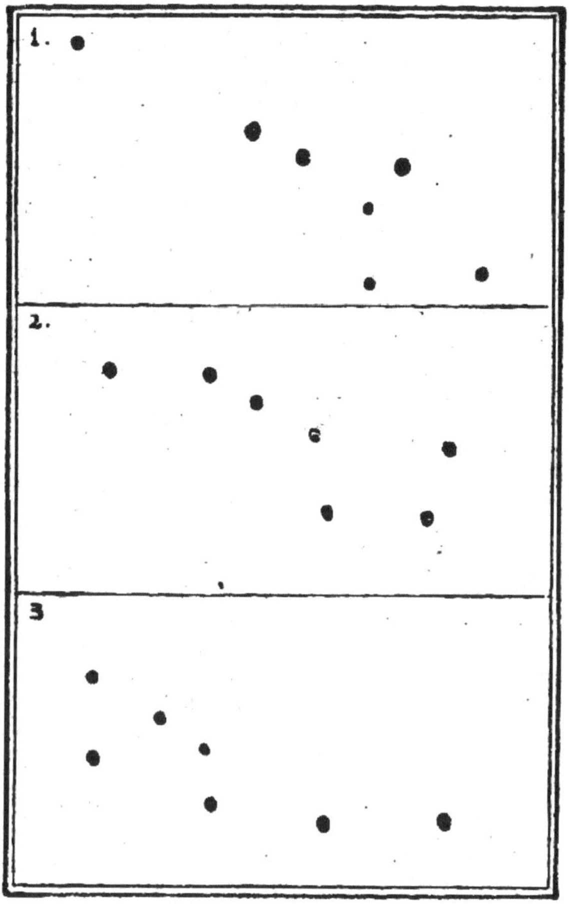

Das Sternbild des Großen Bären:

- 1. vor 50 000 Jahren,
- 2. in der Gegenwart,
- 3. nach 50 000 Jahren.

Es scheint nun, daß nicht nur die Sonne mit ihren Planeten, sondern daß selbst gewisse Gruppen von Sonnen einen gemeinsamen Ursprung gehabt haben, da sie in derselben Richtung im Raume weiterziehen. So scheinen einige Sterne des Himmels denselben Weg zu gehen, so daß sie also wirklich und nicht nur scheinbar ein zusammengehöriges Ganzes sind. Da andere Sterne des Bildes aber andere Richtungen haben, so muß es mit den Jahrtausenden eine völlig andere Gestalt gewinnen. Hier ist das Sternbild des Großen Bären abgebildet, wie es vor 50 000 Jahren ausgesehen haben muß, wie es jetzt ist und abermals nach 50 000 Jahren aussehen wird.

So erkennen wir also, wie auch die Sternbilder nichts ewig Bestehendes sind, wie alles sich ruhelos verändert und wie wir die Sterne, die wir einst an die Himmelsdecke festgeschmiedet wähnten, über sie hinfliegen sehen würden wie die Leuchtkäfer in einer Juninacht, wenn wir den Lauf der Zeit nur entsprechend beschleunigen könnten.

Wir wissen, daß einzelne Sterne mit rasender Geschwindigkeit den Raum durcheilen. Können sie da nicht einmal gegeneinander rennen? Würde zum Beispiel die gegenwärtige Bewegung des Sirius auf uns zu so bestehen bleiben und besäße er nicht auch zugleich noch eine seitliche Bewegung, so hätte er uns schon in etwa 17 000 Jahren erreicht. Stürzte er dabei auch nicht gleich direkt auf die Sonne, so müßte die größere Annäherung einer so großen Masse doch die heilloseste Verwirrung in den Planetenbewegungen hervorbringen, und der völlige Untergang alles Bestehenden bei uns wäre sicher. Das ist nun zwar kaum zu fürchten, denn auch in der Fixsternwelt herrscht wohl eine allgemeine Ordnung, ähnlich wie im Planetenreiche, die solche Kollisionen nicht gestattet.

Aber solche Ordnung ist offenbar noch nicht in allen Teilen des Universums erreicht. Wir sind gelegentlich Zeugen ganz gewaltiger Weltkatastrophen, in denen kosmische Massen mit ihren ungeheuersten Geschwindigkeiten aufeinander gerannt sein müssen. Solche Katastrophen kündigen sich uns in den sogen. *neuen Sternen* an. Ich will gleich den interessantesten von ihnen herausgreifen, den neuen Stern im Perseus.

Er erschien am 21. Februar 1901 ganz plötzlich, oder vielmehr, er war da, als Stern 2. bis 3. Größe, ohne daß man ihn hätte aufleuchten sehen. Es ließ sich nachweisen, daß er zwei Tage vorher sicher nicht 11. Größe gewesen sein konnte, weil er auf einer zufällig gemachten photographischen Aufnahme nicht zu entdecken ist. Bis zum nächsten Tage nahm sein Glanz noch zu, und er leuchtete nun heller als alle Sterne unseres Himmels, Sirius ausgenommen. Er erreichte jedenfalls die Helligkeit der Wega. Von da ab nahm er nun bald wieder ab. Am 4. März war er nur noch 2. Größe, am 6. bereits noch eine Klasse tiefer gesunken, und so fort. Heute ist er nur noch 10. Größe.

Selbstverständlich richtete man sofort das Spektroskop auf das so plötzlich aufgetretene neue Himmelswesen. Es zeigte sich in den Linien seines Spektrums, daß hier zwei verschiedene Massen mit ganz furchtbarer Gewalt aufeinandergestoßen waren, die eine davon mit einer Geschwindigkeit von beinahe tausend Kilometern in der Sekunde. Dadurch mußten die Körper offenbar zum großen Teil zertrümmert und eine ganz ungeheure Hitze entwickelt werden. Die glühenden Gase der Umgebung gaben leuchtende Linien.

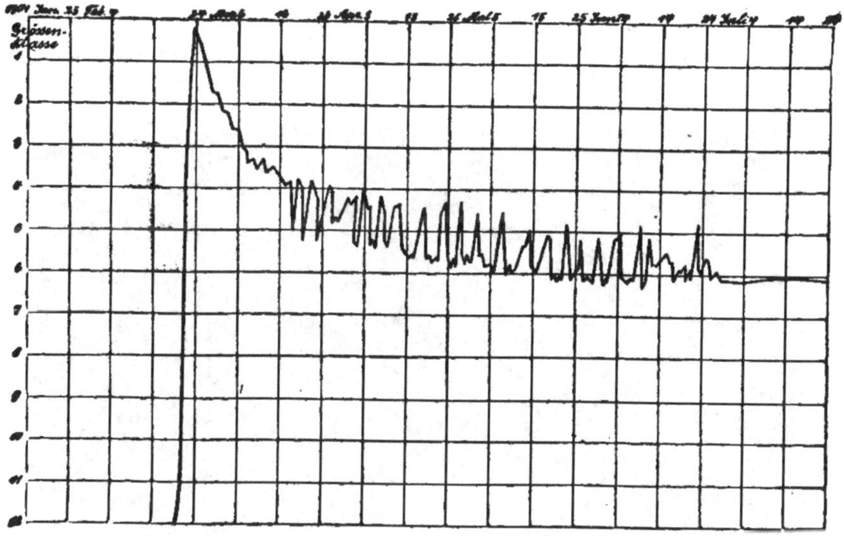

Lichtkurve der Nova Persei v. 21. Februar bis 24. Juli 1901.

Als nun unser Stern bis Mitte März, etwa drei Wochen nach seinem Erscheinen, bis gegen die Grenze der Sichtbarkeit mit dem bloßen Auge abgenommen hatte, zeigte er eine neue wunderbare Erscheinung: Sein Licht nahm in regelmäßigen Zwischenräumen von etwa vier Tagen um anderthalb Größenklassen ab und zu, er war ein veränderlicher Stern geworden. Die untenstehende Kurve zeigt die Lichtschwankungen vom 16. März bis zum 24. Juli 1901. Schon der Anblick dieser Kurve allein stellt uns die Gewalt und Wildheit der Katastrophe vor Augen. Wir müssen annehmen, daß ein Teil der Massen, die hier zusammenstießen, die Hauptmasse sehr schnell umkreiste. Dies spricht für die Ansicht Seeligers, nach der gewisse neue Sterne dadurch aufleuchten, daß sie in eine Wolke kosmischen Staubes oder Nebels, oder endlich von Meteoriten geraten, die dann mit immer beschleunigterer Geschwindigkeit auf sie stürzen.

Ein neues Wunder an diesem interessantesten aller Himmelsobjekte für den denkenden Beobachter schien diese Ansicht durch den Augenschein zu bestätigen. Nach einigen Monaten sah man nämlich den Stern von einem leuchtenden Nebel umgeben. Man nahm zuerst an, daß dieser schon immer vorhanden gewesen sei und nun erst durch das neuaufflammende Licht des Sternes in seinem Innern uns sichtbar wurde. Als man den Nebel sich in den folgenden Monaten immer weiter ausdehnen sah, meinte man, daß das Licht so lange Zeit gebrauche, um den Nebel zu durcheilen, denn der neue Stern war offenbar auch für Fixsternverhältnisse sehr weit von uns entfernt und der Weg vom Mittelpunkte der Katastrophe bis zur Grenze des Nebelgebildes so ungeheuer groß, daß das Licht ihn erst in Monaten durchlaufen konnte. Nichts kann in diesem Falle wohl eindrucksvoller die unausdenkbar gewaltigen Dimensionen des Weltgebäudes uns vor Augen führen, als dieses Hinschleichen des Lichtes über die Himmelsdecke, von dem wir doch wissen, daß es 300 000 Kilometer in der Sekunde zurücklegt.

Nebel um den neuen Stern im Perseus, aufgenommen am 31. Januar 1902 auf der Licksternwarte in Kalifornien.

Natürlich hat man sofort auch versucht, durch direkte Parallaxenmessung die Entfernung des Wundersternes zu bestimmen. Es fand sich wirklich eine fast unausmeßbar große Entfernung. *Bergstrand* in Upsala bestimmte die Parallaxe zu 0.026 Bogensekunden und konnte sagen, daß sie sicher nicht größer, eher dagegen in Wirklichkeit kleiner, also die daraus berechnete Entfernung ein Minimum sei. Diese kleinste Entfernung, in der jene weltvernichtende Katastrophe stattfand, ergibt sich danach als das 11millionenfache der Entfernung unserer Sonne oder 1600 Billionen Kilometer. Das Licht braucht 170 Jahre, um von dort zu uns zu kommen; die 1901 bei uns wahrgenommene Erscheinung fand danach also in Wirklichkeit schon um 1730 statt. So lange brauchte die himmlische

Depesche, die diesen schrecklichen Weltuntergang verkündete, um bei uns anzukommen.

Nebel um den neuen Stern im Perseus, aufgenommen am 2. Februar 1902 auf der Lickstenwarte in Kalifornien.

Aber die Wunder dieses Sternes steigerten sich noch immer. Man sah, wie es auf den Bildern S. 77 u. 78 auch zu erkennen ist, in dem Nebel einzelne Flocken, die im Laufe der Monate zwar in ihrer Form ungefähr bestehen blieben, aber deutlich die Reise vom Zentrum nach der Peripherie mit derselben Geschwindigkeit machten, wie der Nebel selbst sich ausbreitete. Auf den beiden Aufnahmen ist dieselbe Wolke mit einem Kreise umgeben; durch Vergleichung mit den nebenstehenden Sternen sieht man ihre Bewegung. Hier sah man also wirkliche, materielle, leuchtende Massen, die mit voller Lichtgeschwindigkeit vom Mittelpunkte der Katastrophe in den Weltraum hinausgeschleudert wurden.

Solche Kräfte waren physikalisch völlig unverständlich, solange man das geheimnisvolle *Radium* noch nicht kannte. Von diesem aber geht bekanntlich ein Etwas beständig mit Lichtgeschwindigkeit aus, das, mit andern Körpern zusammenstoßend, sie zum Leuchten bringt. Ich habe hiervon auch schon in dem Kosmosbändchen vom Weltuntergang[6] gesprochen. In den Weltkörpern, wie auch der Sonne, sind wahrscheinlich größere Mengen von Radium vorhanden. War dies auch bei dem neuen Stern im Perseus der Fall, so konnte nach seiner Zertrümmerung diese »Emanation« des Radiums sich frei im Raume ausbreiten und erzeugte dadurch diesen Nebel.

Es ist sehr wahrscheinlich, daß unsere Sonne ganz ähnliche Erscheinungen zeigen würde wie jener neue Stern, wenn ihr eine solche Katastrophe zustieße. Ausgeschlossen ist dies keineswegs, da wir es ja an andern ihr verwandten Sonnen am Himmel stattfinden sehen. Nur durch eine noch weitere Vertiefung in die Organisation der Fixsternwelt, von der die Sonne ein Teil ist, können wir einmal Auskunft darüber erhalten, ob vielleicht der Bestand unseres Systems besonders geschützt ist.

Das Aufflackern neuer Sterne gehört indes zu den seltensten Erscheinungen am Himmel. Bis zur Entdeckung des Fernrohrs findet man in den Annalen etwa 15 verzeichnet, von denen aber einige höchst zweifelhaft sind. Unter ihnen ist die Erscheinung des »*Tychonischen Sterns*« von 1572 die glänzendste überhaupt und übertraf auch den Stern im Perseus noch bedeutend an Helligkeit. Der Stern erschien plötzlich in der Kassiopeia und blieb mehrere Monate in der Helligkeit 1. Größe; erst nach anderthalb Jahren verschwand er, das heißt, er war unter die 6. Größe herabgesunken. Bei seiner Lichtabnahme wechselte er seine Farbe von reinem Weiß durch Gelb zu Rot, benahm sich also ganz wie ein glühender und erkaltender Körper. Solchen Farbenwechsel hat man auch an andern neuen Sternen, aber nicht an allen, wahrgenommen, z. B. nicht an der »Nova Persei«.

Nach der Erfindung des Fernrohrs mehrten sich begreiflicherweise die Entdeckungen neuer Sterne, aber auch in unserer Zeit erschienen neue Sterne durchschnittlich nur alle 4–5 Jahre. Es ist auffallend, daß fast alle diese Sterne ganz in der Nähe der Mittellinie des Milchstraßengürtels auftauchten, da, wo sich die Sterne am dichtesten zusammendrängen, also auch die größte Wahrscheinlichkeit für Zusammenstöße vorliegt, die wir für diese Ereignisse voraussetzten. Die wenigen neuen Sterne, die etwas weiter von der Milchstraße aufleuchteten, zeigten auch ein besonderes Verhalten. Sie besaßen im Spektrum keine leuchtenden Linien, die den Ausbruch glühender Gase ankündigen, und man muß deshalb annehmen, daß ihr Auftreten durch eine weniger extreme Katastrophe verursacht wurde. Nur die 1866 erschienene Nova in der nördlichen Krone macht hiervon eine Ausnahme. Sie war die erste, die spektroskopisch untersucht werden konnte, und zeigte dabei helle Linien. Man vermutete auch in den ersten Tagen nach ihrem Erscheinen, daß sie von einem Nebel umgeben sei.

Unter den neuerdings erschienenen neuen Sternen verdient noch zunächst der von 1885 erwähnt zu werden, der mitten in dem Sternengewirr des Andromedanebels aufleuchtete, und dann die Nova Aurigae von 1892, die insofern sich von den übrigen unterschied, als ihr Licht nach einem nicht beobachteten plötzlichen Aufflackern mehrere Monate lang mit kleineren, unregelmäßigen Schwankungen ziemlich konstant blieb, um dann sehr schnell wieder bis zur Unsichtbarkeit herabzusinken. Man kann sich bei ihm die Erscheinung deshalb nicht durch einen einmaligen Zusammenstoß mit einer festen Masse erklären. Seeliger meint, dieser Stern und wahrscheinlich auch einige andere seinesgleichen seien mit einer Wolke kosmischen Staubes, das heißt, mit großen Schwärmen von Meteoriten zusammengetroffen, die auf ihn beständig herabregneten und ihn dadurch zum Glühen brachten. Solange der Stern die Wolke durcheilte, blieb deshalb seine Helligkeit mit geringen Schwankungen ungefähr gleich, sank aber dann schnell herab, nachdem er sie durchdrungen hatte.

An dem Nebelgebilde um den neuen Stern im Perseus erkennt man deutlich, daß es sich spiralig zu winden trachtet. Wenn zwei Körper nicht ganz zentral zusammenstoßen – und ein seitlicher Stoß ist doch immer wahrscheinlicher –, so müssen sie sich gegenseitig in Umdrehung versetzen, so wie wir es an Billardkugeln sehen. Der beobachtete schnelle Lichtwechsel deutete schon solche Umdrehung an, und der Nebel führte sie nun vor Augen.

Spiralnebel in den Jagdhunden.
Photographische Aufnahme der Yerkes-Sternwarte.

Derartige Nebel findet man nun noch in großer Zahl am Himmel, und bei näherem Hinblick ist ihre spiralige Form in vielen Fällen zweifellos. Der berühmteste unter ihnen ist der Spiralnebel in den *Jagdhunden*. Wir konnten nach unsern Erfahrungen über den Stern im Perseus wenigstens vermuten, daß diese andern Nebel einmal auf ähnliche Art durch einen Zusammenstoß entstanden seien. Hier beim Nebel in den Jagdhunden sieht man sogar die zweite Masse, die mit der Hauptmasse zusammengestoßen zu sein scheint, noch am Ende der letzten Spirale, als ob sie nun nach Erfüllung ihrer Aufgabe den Schauplatz der von ihr hervorgerufenen Katastrophe wieder verlassen wollte.

Ganz Ähnliches sieht man an dem großen Nebel in der *Andromeda*, den wir mehr von der Seite sehen als den in den Jagdhunden, aber wir können auf der Photographie die einzelnen Windungen doch deutlich unterscheiden. Hier befinden sich in der Lichtmasse überall besondere Knoten, ähnlich wie sie der Nebel um den neuen Perseusstern aufwies.

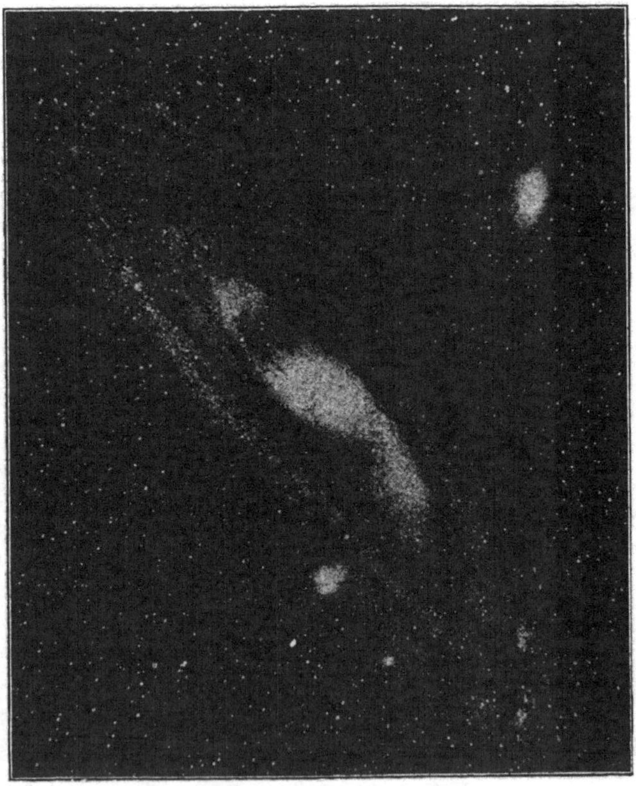

Nebel in der Andromeda.
Photographische Aufnahme der Yerkes-Sternwarte.

Wir können uns bei diesem Anblick der Verdichtungen in der kreisenden Urmasse nicht des Gedankens erwehren, als hätten wir es hier mit einem werdenden Sonnensystem zu tun, und als seien diese Lichtknoten die Embryonen künftiger Planeten. So folgt einem schrecklichen Weltuntergange, der zwei zusammenstoßende Massen in diese gewaltige Wirbelbewegung versetzte, eine Neuentwicklung auf dem Fuße, ja, er war der Anstoß zu einer Neubelebung der bis dahin dunkel und deshalb ohne Lebensregung den Raum durchdringenden Masse. Der Tod ist ja stets der Schöpfer neuen Lebens. Aber wir können hier diese interessanten Fragen nur streifen.

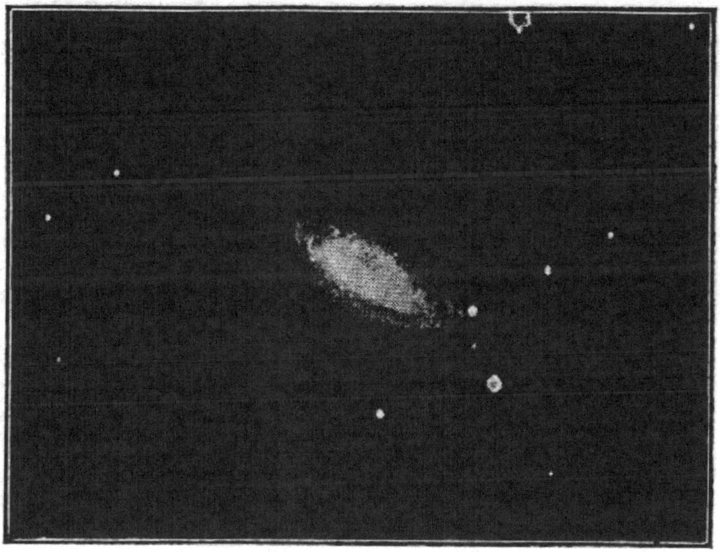

Spiraliger Sternnebel.

Noch eine andere Spirale ist hier abgebildet. In ihr trachtet die Nebelmasse sich zu Sternen zu verdichten. Auch die außen befindlichen Sterne zeigen zum Teil eine Anordnung, die die Vermutung zuläßt, daß sie einmal zu der Spirale gehörten, nun aber schon längst alle Nebelmasse in sich vereinigt haben. So sehen wir in den verschiedenen Einzelobjekten eine Entwicklungsreihe der Weltenbildung vor uns.

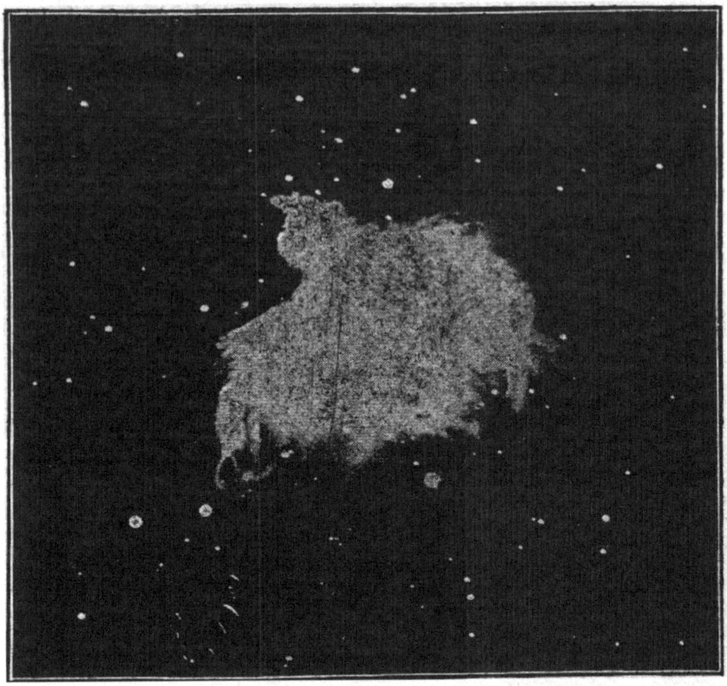

Der Orionnebel.
Nach einer Orig.-Aufnahme des Harvard College-Observatoriums.

Hier der berühmte *Orionnebel.* Wie wild ist die Materie darin durcheinandergewürfelt! Hier hat man wirklich den Eindruck einer gewaltigen Katastrophe, die die ungeheure Weltenwolke so zerzausen konnte. Und dennoch ordnen sich auch in ihr schon die Massen zu einer Spirale, von der dieser Nebel nur der innere Teil ist. Durch den größten Teil des ausgedehnten Orionsternbildes schlingt sich eine äußerst zarte Spirale. Der eigentliche Orionnebel befindet sich unter den drei in gerader Linie stehenden Sternen des Jakobstabes oder Gürtels.

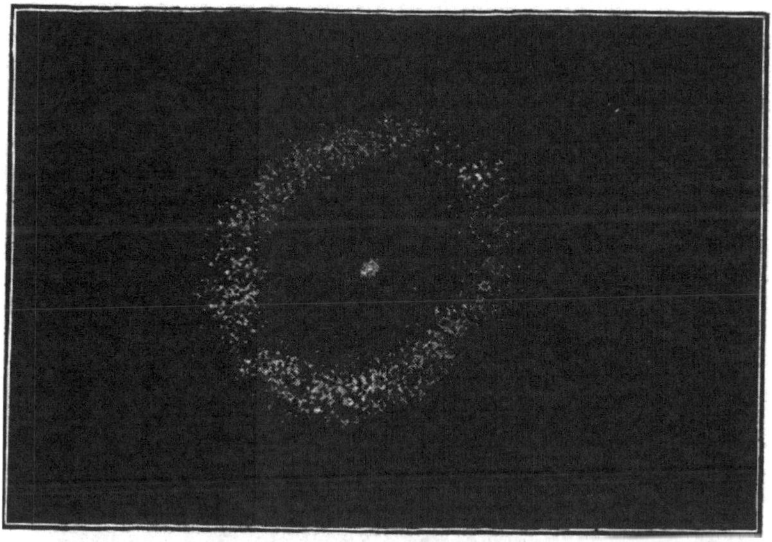

Der Ringnebel in der Leier.
Nach einer photographischen Aufnahme.

Allmählich werden sich die Spiralen zu Ringen zusammenzuziehen suchen. Denn alles strebt zu vollkommenerer Ordnung. Der schönste dieser Nebelringe ist der im Sternbilde der Leier. Es schien im Sinne unseres Entwicklungsgedankens, den wir hier andeutungsweise verfolgten, merkwürdig, daß das Innere dieses Ringes leer war. Denn überall in den uns bekannten Systemen befindet sich eine Zentralkraft, die nötig scheint, wenn sich die Materie zu regelmäßigen Formen verdichten soll. Hier hat die Photographie abermals ein Rätsel gelöst. Sie allein zeigt den vermißten Zentralstern. Der photographische Apparat reagiert ja bekanntlich auf Lichtarten, die dem Auge auch in den besten Fernrohren unsichtbar bleiben, auf das sogen. ultraviolette Licht. Der zentrale Teil dieses Ringnebels sendet hauptsächlich nur solches Licht aus.

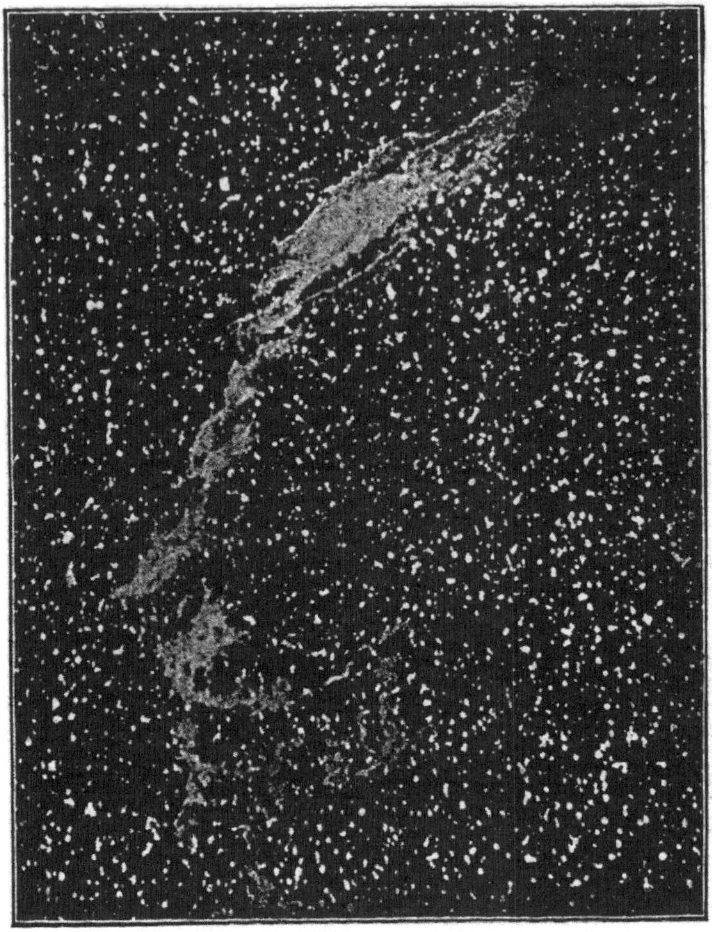

Nebel im Sternbild des Schwans.

Es gibt am Himmel natürlich auch unregelmäßige Nebel, aber vielfach zeigen auch sie in ihrer Gestalt Andeutungen von Vorgängen, die wir bisher verfolgt haben. Man sehe sich den völlig zerrissenen Nebel im Schwan an (S. 84). Ist es nicht, als ob ein Gigant des Weltraums eine Tabakswolke ausgeblasen hätte? Hier muß doch etwas hindurchgefahren sein, um die Materie so auseinanderzuzerren.

Der »Amerikanebel«.
Photographische Aufnahme von Prof. Wolf in Heidelberg.

Die nächste Abbildung zeigt den sogen. »Amerikanebel«. Der in seiner Gestalt Zentralamerika entsprechende Teil windet sich, als sei hier der Anfang einer Spirale. Rings um den Nebel herum befindet sich, wie überhaupt bei den meisten ähnlichen Gebilden, eine sternarme Region. Es hat demnach den Anschein, als ob sich in dem Nebel die umgebende Materie zu vereinigen trachte, um hier in den Weltenwerkstätten gebührende Verwendung zu finden.

Nebelschleier im Perseus.
Aufgenommen von Prof. Wolf in Heidelberg.

Aber nicht auf alle Nebelmassen am Himmel haben bereits solche bewegenden Momente gewirkt. Vergleichen wir das Werden der Welten mit dem eines Lebewesens, so haben wir den Zusammenstoß von zwei Weltkörpern als den Akt der Befruchtung anzusehen, von dem an die vereinigten, machtvoll sich durchdringenden Massen zu einer neuen aufsteigenden Entwicklung gezwungen werden. Die aufflammenden neuen Sterne sind dann die Hochzeitsfackeln eines schöpferischen Weltenbundes. Aber so wie in der lebendigen Natur gibt es auch noch unbefruchtete Weltmassen in den Himmelsräumen. Wiederum die Photographie hat weit ausgedehnte äußerst zarte Nebelschleier entdeckt, wie den hier abgebildeten im Perseus, den Wolf in Heidelberg am 15. Oktober 1904 aufnahm. Hier befindet sich die Weltmaterie noch in äußerst feiner Verteilung. Aus sich selbst heraus würde sie wohl niemals bewegte und bewegende Welten erzeugen können. Sie wartet auf ein glückliches Zusammentreffen mit einer andern Masse, etwa einer erkalteten Sonne, die die im Weltenraum nutzlos verfliegenden Massen um sich sammelt und kreisen läßt, einen neuen Stern, einen Spiralnebel und schließlich ein neues Sonnensystem erzeugend.

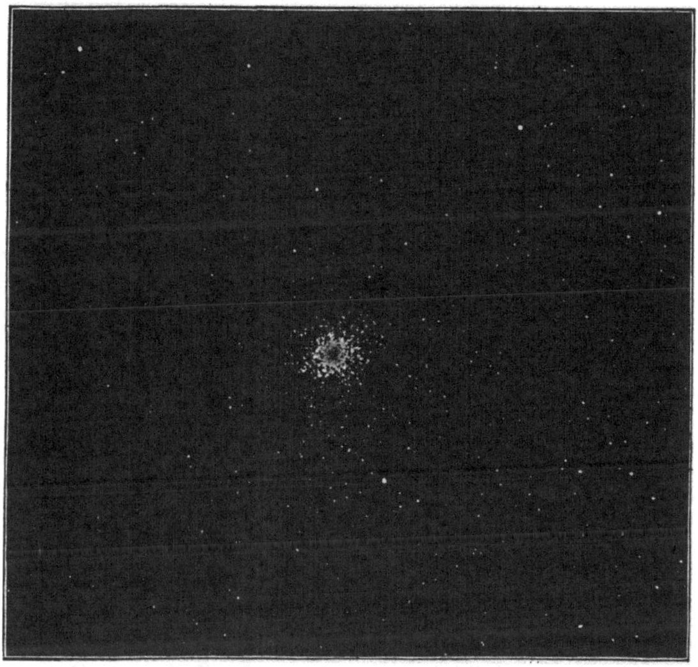

Der Sternhaufen im Herkules.
Nach einer Originalaufnahme des Harvard College-Observatoriums.

Es mag aber auch wohl kommen, daß solche Nebelmasse niemals den weltenbildnerischen Anstoß findet. Dann muß sie sich aus ihrer eigenen Kraft heraus fast unendlich langsam verdichten. Waren schon ursprünglich die Massen ungleich verteilt, so bilden sich einzelne Verdichtungsknoten. Jede Verdichtung erzeugt Wärme, der Nebel zerfällt in eine Unzahl einzelner Sterne, er wird zu einem Sternhaufen; das sind wundervolle Himmelsobjekte, funkelnd und leuchtend wie eine Handvoll in die Nacht ausgestreuter Diamanten. Hier ist der Sternhaufen im Herkules nach einer Originalaufnahme des Harvard College-Observatoriums in Cambridge (V. St.) abgebildet, und weiterhin der große Sternhaufen im Zentauren (S. 88). Wie drängen sich hier die Sterne zusammen, daß sie in der Mitte nur zu einem einzigen Lichtschimmer zusammenfließen! Wieviel Tausende von Sonnen umschließt wohl dieses kleinere Universum?

Wir selbst mit unserer Sonne sind ein Teil eines solchen Sternhaufens, der aber alle andern Sternhaufen und überhaupt alle Himmelskörper in sich faßt: der *Milchstraße*. Sie ist nach neuen Ansichten für uns das Universum in seinem ganzen Umfange, und der matte Schimmer des den Himmel umfassenden Ringes kommt von den äußersten Grenzen des Weltgebäudes, die unsern Sinnen erreichbar sind.

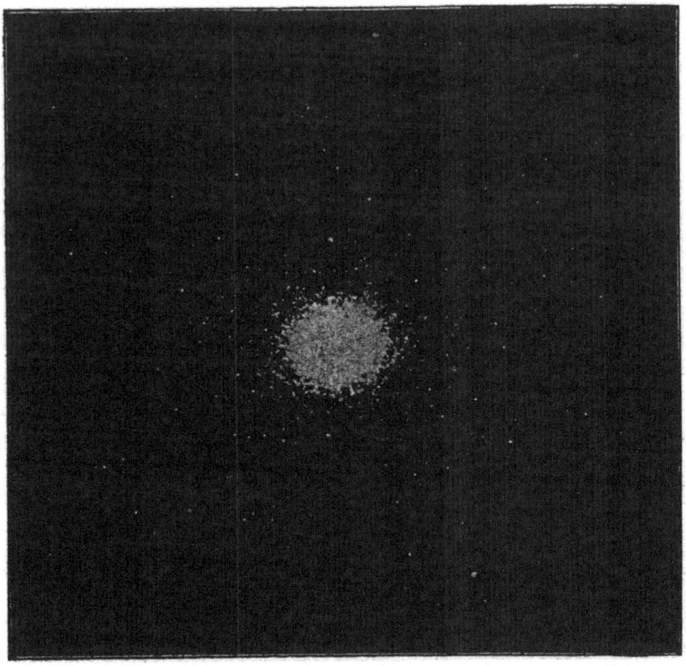

Der große Sternhaufen im Zentauren.

Dieser leuchtende Gürtel ist nichts für sich Bestehendes. Nur für unser bloßes Auge scheint er am Himmelsgewölbe verschwimmende Grenzen zu zeigen. In Wirklichkeit nimmt die Sternenfülle am Himmel ganz allmählich von den Punkten, die am weitesten von dem Gürtel entfernt sind, den Polen der Milchstraße, bis zu ihr hin zu. Das untenstehende Diagramm veranschaulicht das. Es ist danach kein Zweifel, daß alle Sterne, auch die einzeln über den Himmel verteilten, einer größeren Vereinigung von Sternen, einem größeren Weltenkomplexe angehören, wovon die eigentliche Milchstraße nur der am dichtesten gedrängte Teil ist. Durch die Abbildung auf S. 54 haben wir schon einen Blick in die Fülle geworfen, wie sie die photographische Platte uns enthüllt. Wie viele Tausende von Sonnen, jede vielleicht von bewohnten Welten umkreist, überschaut hier zugleich das erstaunte Auge! Überkommt uns nicht eine weihevolle Stimmung, wenn wir bedenken, daß hier das Wohl und Wehe von vielleicht ungezählten Millionen verwandter Seelen für uns zusammenschmilzt in diese flimmernden Lichtpünktchen?

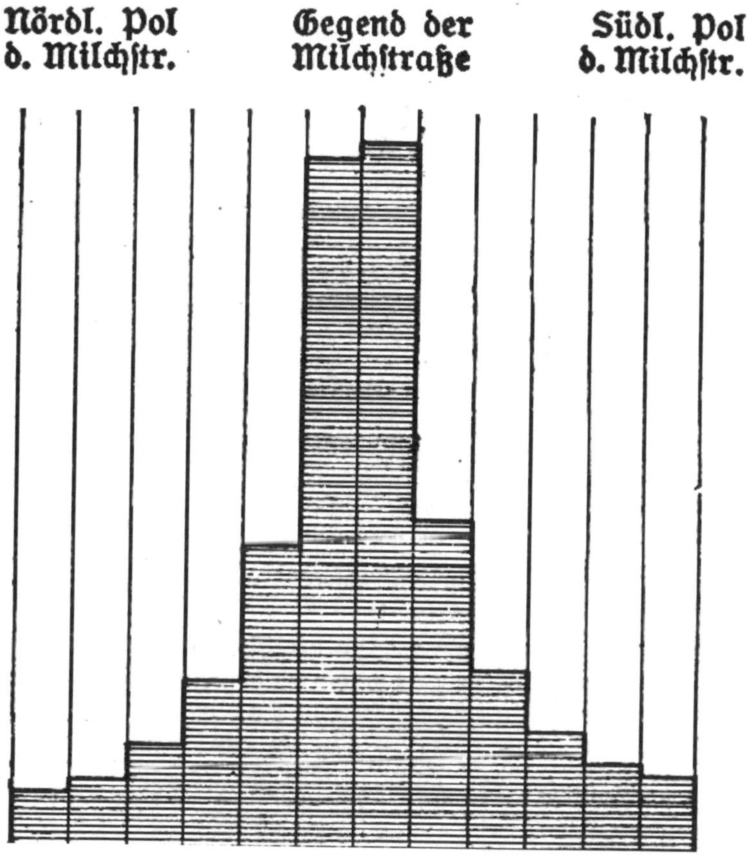

Diagramm der Sternendichtigkeit.

Wie mag dieses allumfassende Universum wohl aufgebaut, organisiert sein, welche Form hat es wohl? Für uns, die wir mitten innestehen, ist es schwer, die eigentliche Form zu erkennen. Aber das sehen wir wohl, die Sterne können nicht gleichmäßig darin verteilt sein wie in den Sternhaufen. Schon aus dem bloßen Anblick des Milchstraßenzuges, der Verzweigungen und Lücken zeigt, erkennen wir dies. Dann muß die Form des Ganzen flach, etwa linsenartig sein, so daß die Schärfe der Linse in der Mitte der Milchstraße liegt. Es stehen hier die meisten Sterne für uns hintereinander und drängen sich deshalb nur scheinbar so zusammen.

Die wahre Form der Milchstraße zu erkennen, ist begreiflicherweise eine recht schwierige Aufgabe, weil wir uns mitten in ihr befinden. Man stelle sich vor, wir wären zur Nachtzeit auf einem großen, freien Platze, der überall mit Laternen besetzt ist. Wir sollen die Form des Platzes ermitteln, ohne uns auf ihm oder gar über ihn erheben zu können. Immerhin wird aber ein genaueres

Studium der Verteilung der Lichter uns wenigstens einigen Aufschluß geben können.

Man untersuchte also zunächst einmal die Verteilung des Sternenreichtums über die Himmelsdecke hin und fand dabei wohl zunächst die allgemeine Zunahme gegen die Milchstraße hin, aber doch auch wieder besondere Anhäufungen von Sternen, die nicht mit der »galaktischen« Mittellinie zusammenfielen. *Stratonoff* hat neuerdings interessante Untersuchungen über die Verteilung der Sterne der Bonner Durchmusterung nach ihren verschiedenen Größenklassen angestellt. Er findet dadurch, wieder unter der Annahme, daß die schwächeren Sterne auch im allgemeinen die entfernteren sind, die wahre Verteilung der Sterne im Raume in diesen verschiedenen Entfernungen. Dabei zeigt es sich, daß zunächst die Sterne bis 6. Größe eine zum Milchstraßenzuge symmetrische Anordnung haben. Die Sterne bis zur 6. Größe umschließen, wenn ihr Licht genau mit dem Quadrat der Entfernung abnimmt, etwa 13 »Sternweiten«, wie wir sie auf S. 56 erklärt haben. Nun aber ergaben die entfernteren Sterne von 6. bis 8. Größe, die zwischen 13 und 25 Sternweiten liegen, deutlich zwei besondere Verdichtungen, die etwas abseits von der Milchstraße liegen, die eine im Schwan, die andere im Fuhrmann; am ausgeprägtesten ist die erstere. In dieser Richtung zeigt auch die Milchstraße ihren höchsten Glanz, aber doch nur für das bloße Auge, das hier die Gesamtwirkung des Sternenlichtes empfängt. Als *Easton*, der seit langen Jahren die Milchstraße zu seinem Spezialstudium gemacht hat, die allgemeine Helligkeit dieses geheimnisvollen Gürtels mit der Sternverteilung darin verglich, fand er, daß hier im Schwan nur die verhältnismäßig helleren, näheren Sterne diese Helligkeit verursachten, während an anderen Stellen mehr die kleineren Sterne durch ihre besonders große Zahl den Glanz hervorriefen. Diese Wahrnehmung deutet offenbar darauf hin, daß ein Sternenstrom von uns aus in der Richtung des Schwans sich erstreckt, der sich wahrscheinlich mit der eigentlichen Milchstraße verbindet und andererseits bis ganz in das Gebiet unserer Sonne reicht. Daß die nahen und nächsten Sterne diese Anordnung nicht verraten, liegt an den perspektivischen Verschiebungen, durch die sie scheinbar gleichmäßiger über den Himmel verteilt werden. Wir haben es hier also mit einem Arm der Milchstraße zu tun, dem alle helleren Sterne des Himmels mit unserer Sonne selbst angehören. Ein zweiter, ähnlicher Arm liegt in der Richtung des Fuhrmanns.

Die Milchstraße selbst zeigt sehr ungleiche Helligkeitsverteilung. Sie besteht aus großen, sich scheinbar übereinander lagernden Lichtwolken. Nimmt man alle Erfahrungen zusammen, so kommt man zu der Überzeugung, daß die Milchstraße eine ungeheure Spirale bildet, die sich aber schon zum größten Teil in einzelne Sterne und Sterngruppen aufgelöst hat, und daß einer der Spiralwindungen, die aus dem zentralen Teile des großen Weltkomplexes entspringt, die Sonne angehört. Der eigentliche Mittelpunkt der Spirale befindet sich danach vielleicht 30–60 Sternweiten von uns in der Richtung des Schwans.

Man hatte lange geglaubt, die Stufenfolge der von uns noch übersehbaren Welten gehe weit über unser Milchstraßensystem hinaus, und jene Nebelflecke und Sternhaufen, die wir zwischen den Sternen verstreut finden, seien vielleicht Milchstraßensysteme jenseits des unsrigen, die wir deshalb in ihrer eigentlichen Form übersehen konnten. Die Milchstraße mit ihren Millionen Sonnensystemen sei also auch wieder nur eine Einheit unter vielen in der endlosen Kette des Weltenbaues. Aber das genauere Studium jener Nebelflecke hat es namentlich durch die neueren, epochemachenden Arbeiten des Heidelberger Astronomen *Wolf* kaum mehr zweifelhaft gemacht, daß auch diese in Form und Größe so unendlich vielgestaltigen Himmelswesen organisch in das System unserer Milchstraße gehören. Zunächst ist durch die Heidelberger photographischen Aufnahmen erwiesen worden, daß die Zahl der Nebel ganz erheblich größer ist, als man bisher annahm. In gewissen Gegenden wimmelt es geradezu von kleinen Nebeln. Auf einer einzigen Platte, die 150 Minuten lang exponiert war und eine Himmelsfläche im Haupthaar der Berenice von nur wenigen Quadratgraden umfaßt, fand Wolf nicht weniger als 1528 kleine Nebelgebilde. Diese Gegend ist die nebelreichste am Himmel, und hier liegt gerade der Pol der Milchstraße, das heißt, sie befindet sich möglichst weit von dem Himmelsgürtel entfernt, wo die Sterne sich am meisten zusammendrängen. Dies hat sich als ein nicht zufälliges Zusammentreffen herausgestellt: Die Nebel nehmen über den ganzen Himmel hin in demselben Maße an Zahl zu wie die Sterne abnehmen. Das beweist aber ganz klar die Zusammengehörigkeit beider Arten von Himmelskörpern. Wir können uns vorstellen, daß der Entwicklungsprozeß unter den einzelnen Teilen des Milchstraßensystems an der Peripherie des ursprünglichen Ringes am schnellsten vor sich gegangen ist, so daß sich hier die Nebelmaterie fast vollständig zu Sternen, das heißt Sonnen, verdichtet hat. Dies mochte um so eher geschehen, als manches dafür spricht, daß die Sterne in der eigentlichen Milchstraße durchschnittlich wirklich – und nicht nur scheinbar wegen ihrer Entfernung – kleiner sind als die der inneren Teile des gewaltigen Sternhaufens. Sie stehen deshalb wahrscheinlich einander auch tatsächlich näher als der Durchschnitt, und die Berechnungen, die von der Verteilung der Sterne nach ihren Größen auf ihre wirklichen Entfernungen schließen wollen, geben deshalb, wie ich schon früher erwähnte, wahrscheinlich doch wesentlich zu große Werte für die Entfernungen der schwächsten Sterne. Wegen dieser Kleinheit konnten sich diese Sterne der äußersten Windungen der Milchstraßenspirale schneller kondensieren, früher zu fertigen Sonnen werden, als die inneren Teile. Namentlich in der Umgebung der Achse des linsenförmigen Raumes, den die Welt der Milchstraße einnimmt, also in der Gegend ihrer Pole von uns aus gesehen, konnten sich andererseits ursprünglich vorhandene Nebelgebilde am längsten ungestört erhalten, weil hier alles die geringsten Bewegungen ausführt.

Wir finden hier in der Milchstraße als Ganzes eine Erscheinung wieder, die die einzelnen Nebel oft in sehr auffälliger Weise zeigen, daß nämlich in ihrer Umgebung sich deutlich sternarme Gegenden, Sternwüsten, finden, die meist nur auf der einen Seite des Nebels auftreten, so daß es den Eindruck macht, als habe der Nebel in seiner Bewegung alle vorgefundene Materie mit sich vereint, oder es hätten umgekehrt die Sterne in ihrer Bahn den Weltraum von diesen Nebelwolken befreit.

Zu diesen bedeutsamen Beziehungen tritt nun noch eine weitere, die gleichfalls Wolf gefunden hat. Alle elliptisch langgestreckten Nebel und Sternhaufen von der Art des großen Andromedanebels zeigen die Tendenz, ihre Längsachsen nach ein und derselben Richtung zu kehren, und deuten dadurch ihren gemeinsamen Ursprung an.

Nehmen wir alle diese Tatsachen zusammen, so müssen wir mit hoher Wahrscheinlichkeit alle überhaupt an unserem Himmel wahrnehmbaren Körper, alle die einfachen und vielfachen Sterne, alle die Sternhaufen und Nebelflecke, kurz alles in allem, was unserer menschlichen Erkenntnis noch zugänglich ist, organisch als zur Milchstraße gehörig ansehen; sie ist für uns das Universum in seinem ganzen, unseren Sinnen zugänglichen Umfange. Jenseits ihres allumfassenden Sternenkreises liegt die Grenze unseres menschlichen Wissens. Liegt dort aber auch das absolute Nichts?

Ist das Milchstraßen-Universum wirklich eine Spirale, so muß eine andere Masse, die von jenseits desselben herüber gekommen ist, die kreisende Bewegung durch einen Zusammenstoß hervorgebracht haben. Es muß sich also auch jenseits der Grenzen unserer direkten Erkenntnis noch etwas befinden, und unser Universum muß doch wieder nur ein Teil eines noch weit größeren sein, das sich unsern Sinnen vielleicht ewig entzieht, in dem aber der für uns alles umfassende Spiralnebel der Milchstraße abermals nur einer unter vielen ist. Es scheint sogar, als ob wir jene andere Masse, die durch ihren Zusammenstoß den Werdeprozeß dieses unseres Weltgebäudes und damit alle unsere Geschicke einleitete, diese Masse, die das Weltall einst befruchtete, heute noch am Himmel sehen könnten. Nicht weit vom Zuge der Milchstraße auf der südlichen Himmelshälfte erkennt man zwei von ihr losgelöste leuchtende Massen, die Magellanischen Wolken, von denen die größere nach einer Originalaufnahme des Harvard College-Observatoriums hier abgebildet ist. Sie sind durchaus zu vergleichen mit den Nebelknoten, die wir in der Nähe gewisser Spiralnebel wahrnahmen, und die ganz so aussehen, als ob sie ihre wirbelnde Bewegung verursacht hätten. Vielleicht also ist diese himmlische Wolke hier der Vater alles Gewordenen. Denn all unsere Lose lagen verteilt in jener Urmasse, und allem wurde die Entwicklungsrichtung gegeben durch jenen ersten weltenbildenden Zusammenstoß.

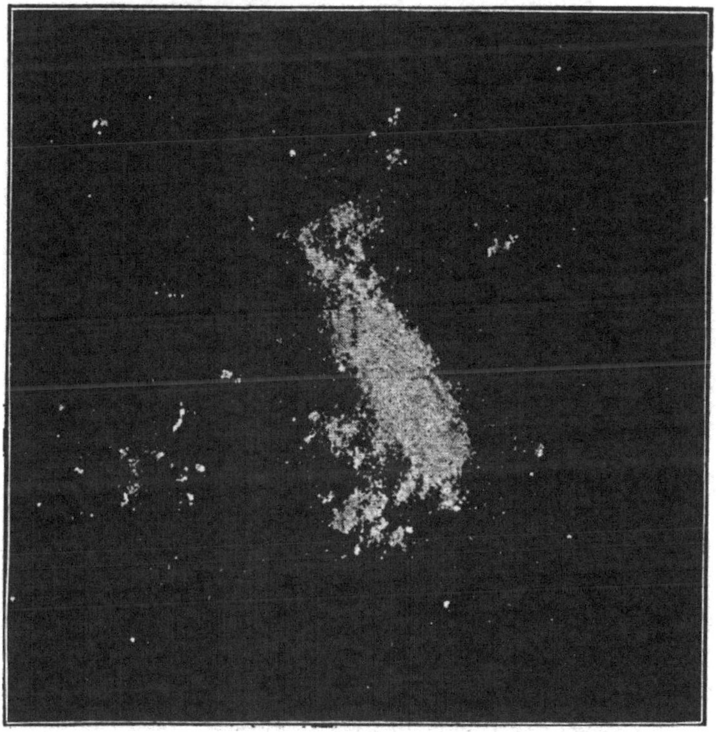

Die große Magellanische Wolke.
Nach einer Original-Aufnahme des Harvard College-Observatoriums.

Unsere Lose fielen dabei zweifellos besonders günstig. Wir befinden uns nahezu im Zentrum der Weltspirale. Schematisch mag unsere Stellung im Weltall etwa durch untenstehende Zeichnung angedeutet werden, in der die Milchstraße selbst, in Unkenntnis der Einzelheiten ihrer spiraligen Struktur, als Ring dargestellt ist. In dem großen Ringe ist noch ein kleinerer, die innere Spirale andeutend, eingezeichnet, und in diesem die zentrale Verdichtung, der die größeren, uns näheren Sterne angehören. Links am Rande dieser Mittelpartie ist dann die Lage unserer Sonne anzunehmen. Der innere Kreis von Sonnen wäre dieser Ansicht zufolge nach geringstem Maß etwa 300 Lichtjahre von uns entfernt, der innere Rand der eigentlichen Milchstraße 1200 und ihre letzten Grenzen 1800 Lichtjahre. Dort liegt das wirkliche Ende der Welt für uns. Weiter kann ich den geneigten Leser nun nicht mehr führen. Unsere Betrachtungen nehmen hier ein Ende.

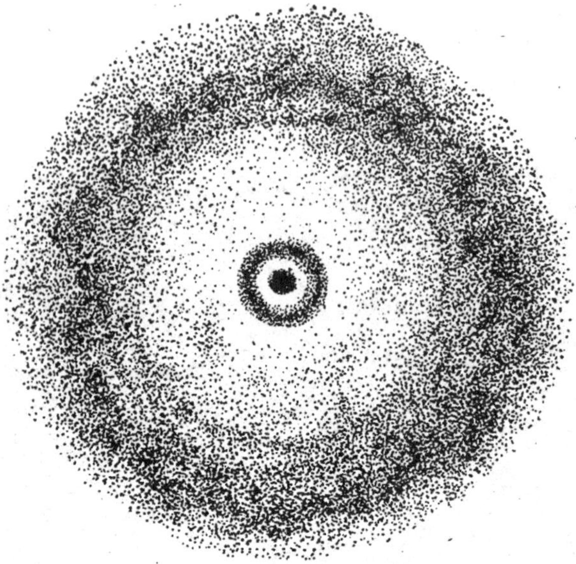

Schematische Darstellung des Milchstraßen-Weltsystems.

Mögen sie die Überzeugung geweckt haben, daß wir in einem wunderbaren Weltorganismus leben, in dem alle Teile dem Ganzen ähnlich sind und alles nach einem großen, einheitlichen Prinzip geordnet ist, und daß alles, das Lebendige wie die leblose Natur und die ungeheuren Weltkörper, in rastloser Fortentwicklung ein und demselben großen, unerforschlichen Ziel entgegenstrebt.

Fußnoten:

[1] Der ganze Kreisbogen wird bekanntlich in 360° (Grade), 1° in 60´ (Min.) und 1´ in 60´´ (Sek.) eingeteilt.

[2] Vgl. Gideon Riegler, Sonnen- und Mondfinsternisse. A. Hartlebens Verlag, Wien und Leipzig.

[3] S. M. W. Meyer, Weltuntergang.

[4] Anmerkung. Alle Zahlenangaben sind heute sehr unzuverlässig geworden, da durch die neuen photographischen Verfahren beständig viele neue Entdeckungen gemacht werden. Neulich teilte z. B. Wolf in Heidelberg die Auffindung von nicht weniger als 35 veränderlichen Sternen allein im Orionnebel mit. Ein bis 1900 fortgesetzter Katalog der Veränderlichen, von Miß Cannon hergestellt, enthält 737 Nummern.

[5] Meyer, Weltschöpfung.

[6] Meyer, Weltuntergang.
